设计师专项进阶书系

室内设计通透精解系列

# 极简收口：细节处理精解

王海青　段文畅

主编

中国建筑工业出版社
CHINA ARCHITECTURE & BUILDING PRESS

**图书在版编目 (CIP) 数据**

极简收口：细节处理精解 / 王海青，段文畅主编 . —北京：
中国建筑工业出版社，2019.4（2023.3 重印）
（设计师专项进阶书系·室内设计通透精解系列）
ISBN 978-7-112-23373-1

Ⅰ.①极… Ⅱ.①王… ②段… Ⅲ.①室内装饰—建筑材
料—装饰材料 Ⅳ.① TU56

中国版本图书馆 CIP 数据核字 (2019) 第 037873 号

责任编辑：胡　毅
责任校对：王宇枢
装帧设计：房惠平
装帧制作：嵇海丰

设计师专项进阶书系·室内设计通透精解系列
**极简收口：细节处理精解**
王海青　段文畅　主编
＊
中国建筑工业出版社出版、发行（北京海淀三里河路9号）
各地新华书店、建筑书店经销
北京中科印刷有限公司印刷
＊
开本：880×1230 毫米　1/16　印张：13½　字数：420 千字
2019 年 4 月第一版　2023 年 3 月第七次印刷
定价：119.00 元
ISBN 978-7-112-23373-1
（33675）

## 内容提要

· 室内设计行业体系庞大，知识点繁多，随着材料与工艺不断更新，室内设计师自身的知识储备应随之不断扩充，提高学习效率也显得非常重要。本书主题为材料收口的极简做法，分为阳角收口、阴角收口、平角收口、灯光四个部分，精选室内设计施工中最常见、最经典的案例加以介绍，为了帮助读者快速地掌握知识点，每个案例都采用逼真效果展示图、三维写实剖视图、三维结构拆解图、材料特写图、CAD施工图、文字解析等多种方式进行讲解，即使对不太懂材料、工艺做法，又没有机会常去施工现场的设计师，也非常直观、易懂，可以帮助设计师深度理解和掌握材料收口各知识点，使设计方案更具可落地性。

· 本书提供增值服务：免费提供书中所有CAD施工图的源文件。

· 本书适合室内设计师，大专院校室内设计及环境艺术专业师生，建筑装饰施工企业管理及技术人员参考阅读。

## 作者简介

### 王海青

· 黑石深化机构创始人，深化设计师、深化讲师、自媒体人。从事深化设计 15 年，有着丰富的大型项目管理经验，服务中外各大设计公司，项目遍布全国及海外。绘制项目类型多样且繁杂，图纸表达深度符合国际主流，主张用宏观的角度来看待这个行业，提出"我来控制图纸，图纸控制项目"的深化理念。多年来致力于培养更多的室内深化设计人才，发表深化设计专业文章 300 多篇，发布施工图教学视频课程 500 多节，并出版《材料收口》一书，在室内深化设计领域具有一定影响力。

# 前　言

• 室内深化设计体系庞大，知识点繁多，随着材料、工艺不断更新，自己的知识储备也要随之不断扩容，提高学习效率就显得非常重要，毕竟每个人的时间和精力是有限的。本书内容力图体现最新型的材料和工艺，为了帮助读者更快地掌握知识，我挑选了设计、施工中最常见的经典案例，共分四个章节，包括阳角收口、阴角收口、平角收口、灯光，这些都是每个合格的设计行业从业者必须掌握的知识。全书采用实例的方式来讲述收口细节，每个实例分别由效果展示图、三维写实剖视图、三维结构拆解图、材料特写图、CAD 施工图和文字描述等多种方式进行讲解。这是作者继上一本著作《材料收口》后，又一创新和升级的表达形式，更为直观和易懂。设计师即使不是很懂工艺做法、材料，又少有机会去工地现场，通读以后也会对各知识点有深度理解和掌握，让设计方案具有可落地性。书中实例只是"举一"，希望读者掌握一种收口方式后，做到活学活用，达到"反三"的程度。

• 另外，本人的"黑石"微信公众号已经运营了 5 年时间，收录了我以往大部分的深化设计原创内容，公众号定位是提供有价值的深化教学资料，帮助有需要的人学习深化知识。本人从业多年，很愿意把自己的职业经验与大家分享出来，希望能给大家带来些许帮助，在学习和工作中少走些弯路，留出更多的时间和精力来享受生活。黑石媒体平台，包括微信公众号、新浪微博、今日头条会陆续地发布原创教学资料，包括专业文章、视频教程、施工图纸、施工照片、材料展示等。我们努力争取做得更好，并会一直坚持下去，大家如果有什么想法或意见，欢迎通过微信公众号反馈给我们，黑石争取做出更多有价值的内容，让从事设计行业的人们有所得益。我携黑石的全体员工和图书参与制作者，由衷地感谢广大读者、粉丝对"黑石深化"的支持，你们的支持和理解是我努力坚持下去做出更多好作品的动力！

• 书中的材料收口处理非常精致，但对金属型材要求较高，读者反映装饰行业类似产品比较难找，于是我创立了"雪山虎"品牌，重点研发和生产收边型材，目前部分产品已经上线，在"雪山虎"微信公众号首发，陆续还会不断推出新品，欢迎大家关注。

• 最后特别鸣谢：版面设计段文畅，效果图制作王嘉齐。

王海青

佑泰建筑设计（上海）有限公司

2018 年 12 月

# 目 录

# 第 1 章 ｜ 阳角收口

　　阳角收口是室内装饰项目中最常见的收口方式。本章主要演示瓷砖、石材之间的收口做法，收口材料采用成品金属条，形式有直角边、弧面、L 形等。金属条为成品定制，设计师可以依据设计风格选定不同规格、不同颜色的型材。

　　书中多数工艺表达为湿贴，但同样的金属条也适用于干挂、木作等工艺，也适用于不同材料之间的收口，比如木饰面、玻璃、PVC 等特殊材料。

效果展示图

## ■ 1.1 墙砖直角金属条收口（一）

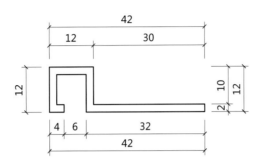

金属收边条大样图
1:1

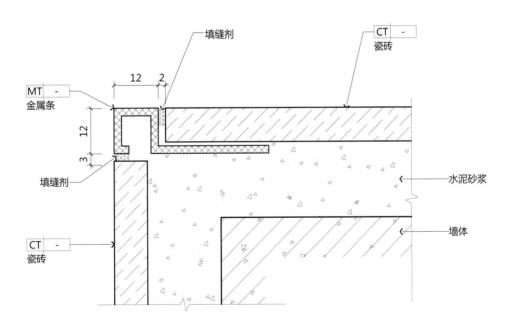

墙砖直角金属条收口（一）
剖面图
1:1

结构透视图

结构拆解图

三维剖视图

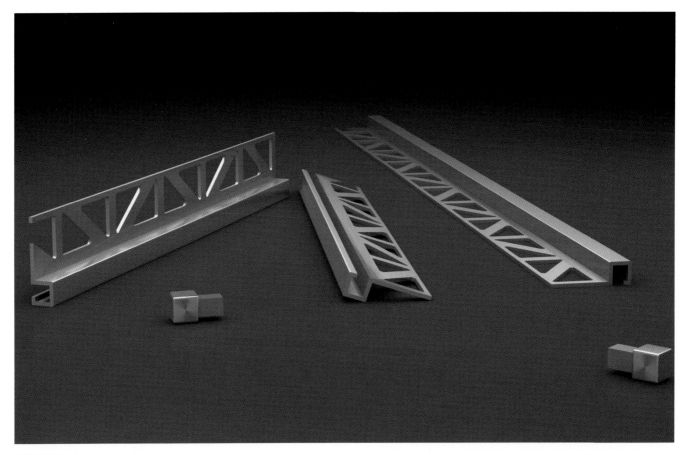

材料特写

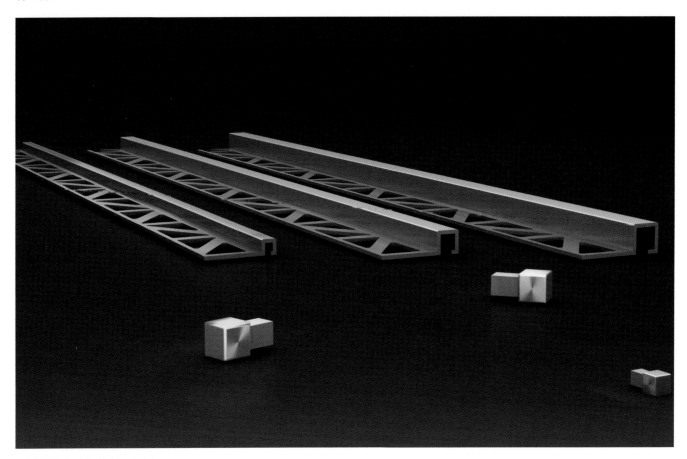

多种规格和颜色的材料特写

白模结构拆解图

**解析** 图中的阳角收边采用成品铝型材，其尺寸多样，依据饰面材料可以选用不同规格，如：瓷砖可选用 12mm×12mm，大理石可选用 20mm×20mm。颜色有多种，可依据不同的设计风格选用相应的款式。图中实例为湿贴工艺，此收口方法也适合干挂和木作工艺。

三维剖视图（一）

三维剖视图（二）

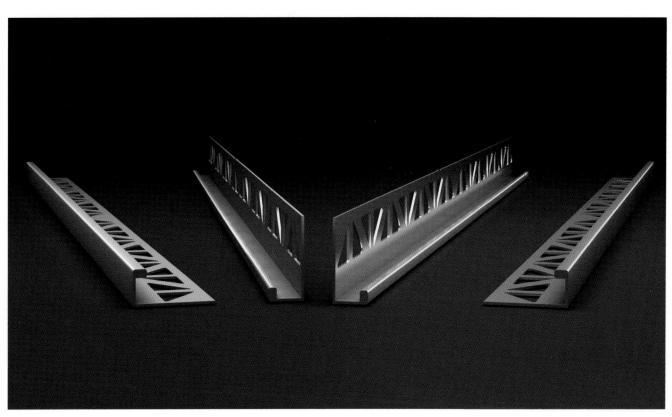

材料特写

## ■1.2　墙砖直角金属条收口（二）

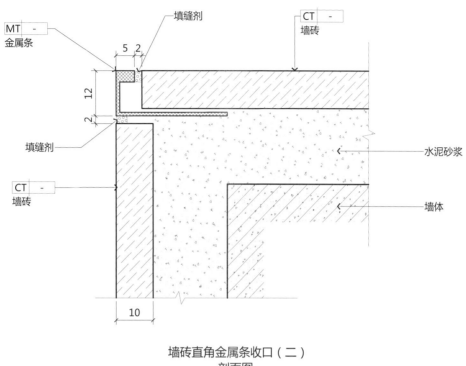

墙砖直角金属条收口（二）
剖面图
1:1

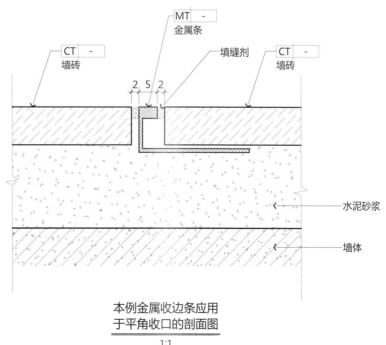

本例金属收边条应用
于平角收口的剖面图
1:1

透明剖视图

三维剖视图

# ■1.3 墙砖直角金属条收口（三）

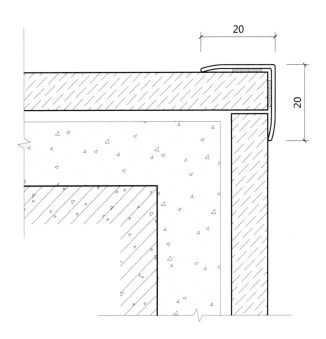

墙砖直角金属条收口（三）
剖面图

1:1

**解析** 此案例为柱角收口方式，安装金属条的目的，一是为了美观，二是为了安全防护。金属条尺寸多样，材料多为不锈钢。安装方法：墙砖湿贴完工后，直接用石材胶粘贴金属条即可。这一做法造价低廉，施工方便，常用于公共空间。

效果展示图

# ■1.4 墙砖 T 形金属条收口

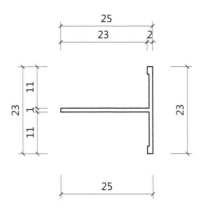

金属收边条大样图

1:1

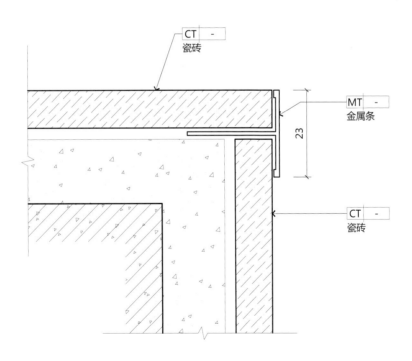

墙砖 T 形金属条收口
剖面图

1:1

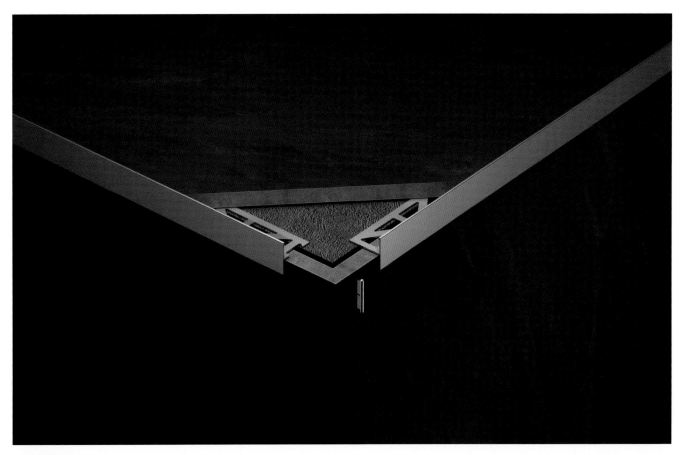

结构透视图

结构拆解图

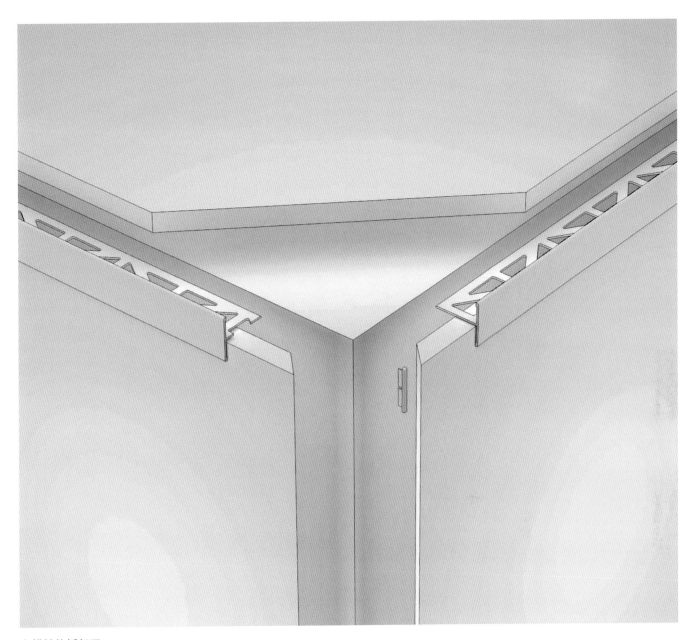

白模结构拆解图

**解析** T 形金属收边条可用两种材料制作，一种是铝制型材，一种是不锈钢折边。不锈钢材料不耐脏，但造价低廉，使用广泛。铝制型材成品效果好，但是造价较高。铝制型材对施工要求较高，适合高端精品项目。

效果展示图

## ■1.5 墙砖弧面金属条收口（一）

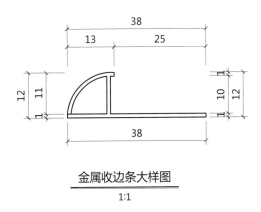

金属收边条大样图
1:1

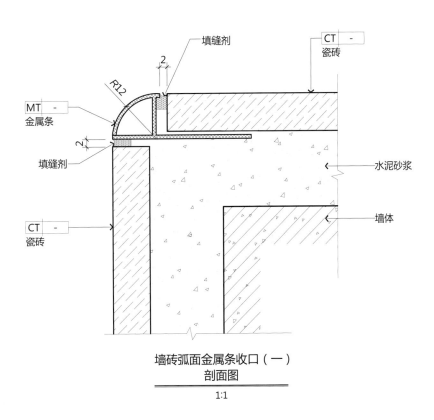

墙砖弧面金属条收口（一）
剖面图
1:1

三维剖视图                                    结构拆解图

结构透视图

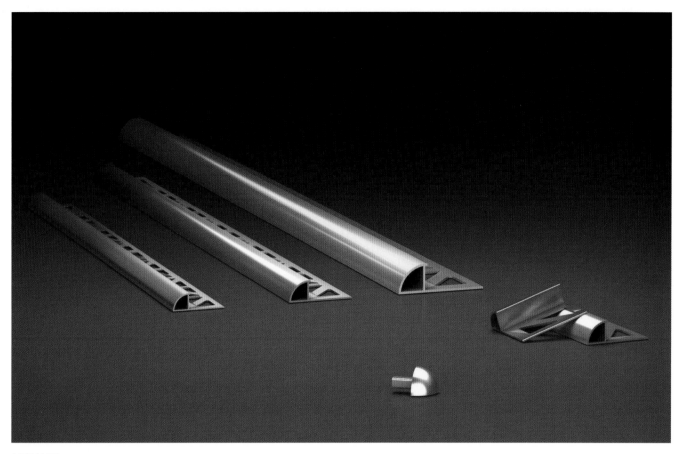

材料特写

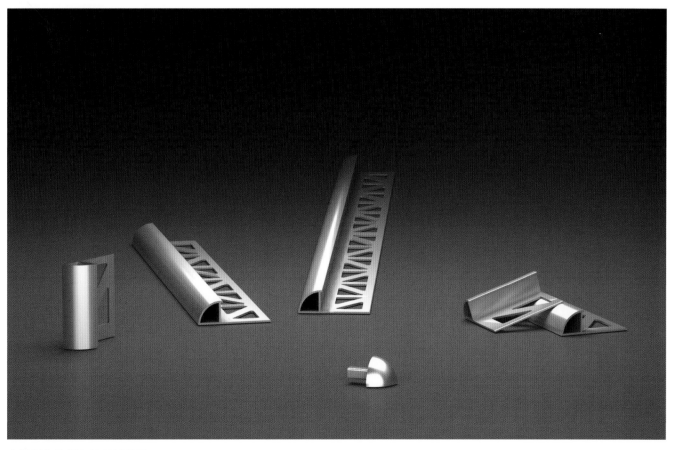

多种规格和颜色的材料特写

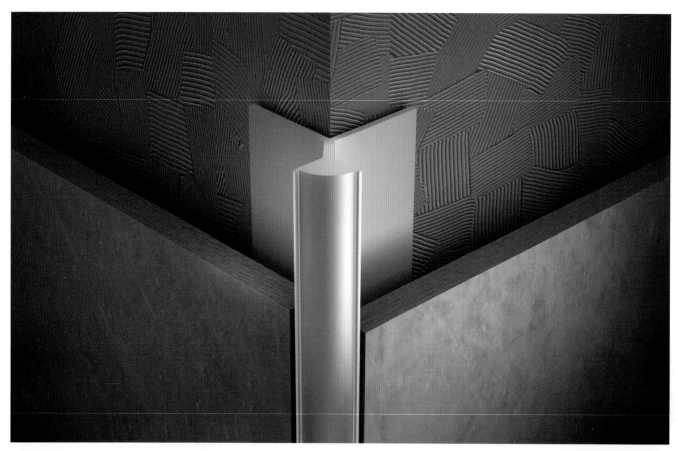

三维剖视图

结构拆解图

# ■ 1.6 墙砖弧面金属条收口（二）

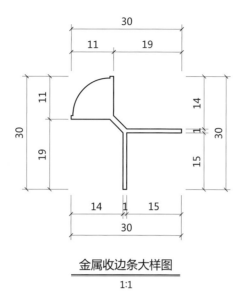

金属收边条大样图
1:1

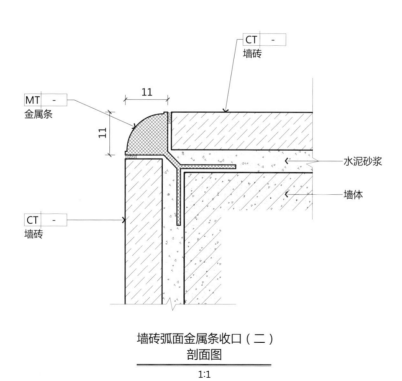

墙砖弧面金属条收口（二）
剖面图
1:1

效果展示图

## ▪ 1.7 墙砖弧面金属条收口（三）

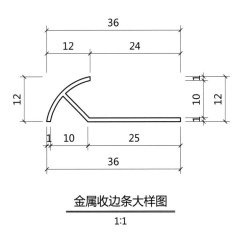

金属收边条大样图
1:1

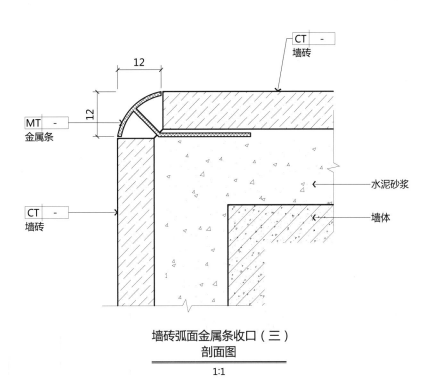

墙砖弧面金属条收口（三）
剖面图
1:1

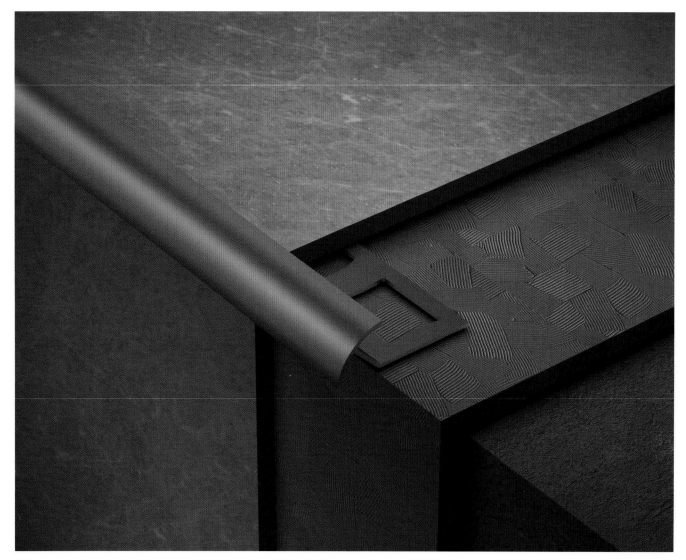

三维剖视图

**解析** 弧面金属阳角收边条应用广泛，常用于柱角和台面。其材料分为铝制和不锈钢，有多种颜色可选。采用弧面收口，一方面是为了追求设计效果，另一方面还考虑到安全防护的作用，洗浴空间使用相对较多。

透明结构图

结构拆解图

效果展示图

## ■ 1.8 墙砖 L 形金属条收口

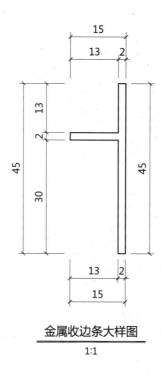

金属收边条大样图
1:1

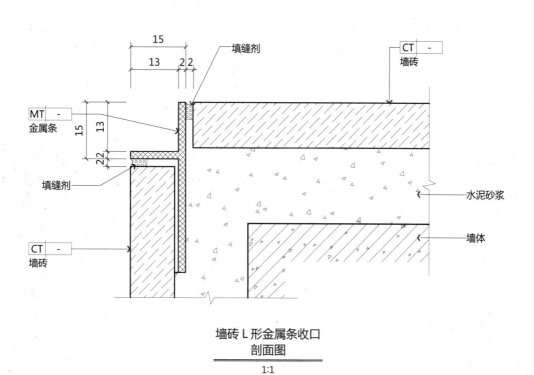

墙砖 L 形金属条收口
剖面图
1:1

效果展示图

三维剖视图

结构拆解图

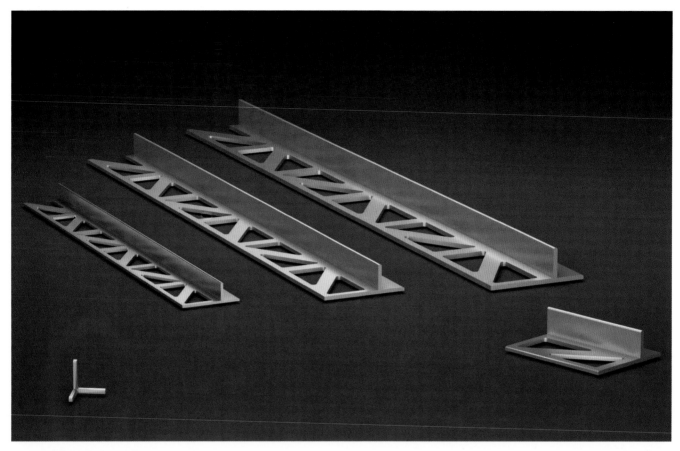

多种规格和颜色的材料特写

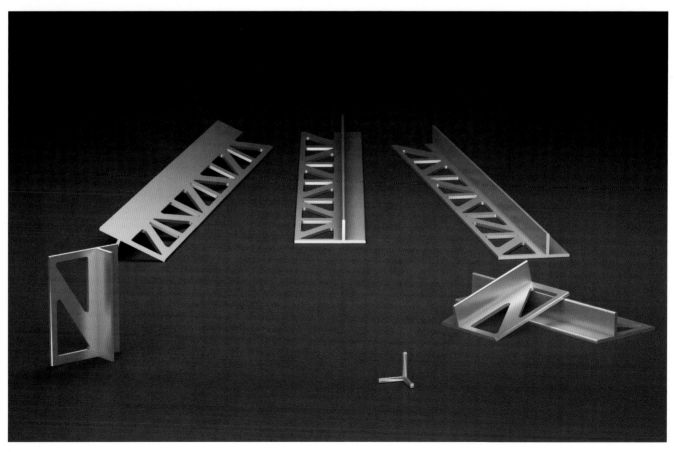

材料特写

白模结构拆解图

**解析** 本例采用L形铝制型材进行阳角收边，施工时对基层要求较高，要求基层施工平整。其出厂规格为3000mm，不用考虑连接问题。此收口方式也适用于其他材料，如木作、玻璃、硬包等。金属条与墙砖的连接处应预留2mm缝隙，用填缝剂填充。

效果展示图

# ■1.9 墙砖凹面金属条收口

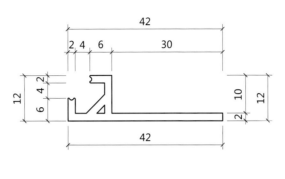

金属收边条大样图

1:1

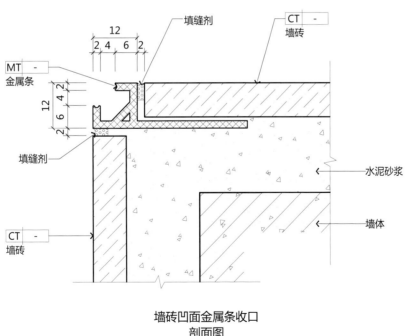

墙砖凹面金属条收口
剖面图

1:1

结构拆解图

三维剖视图

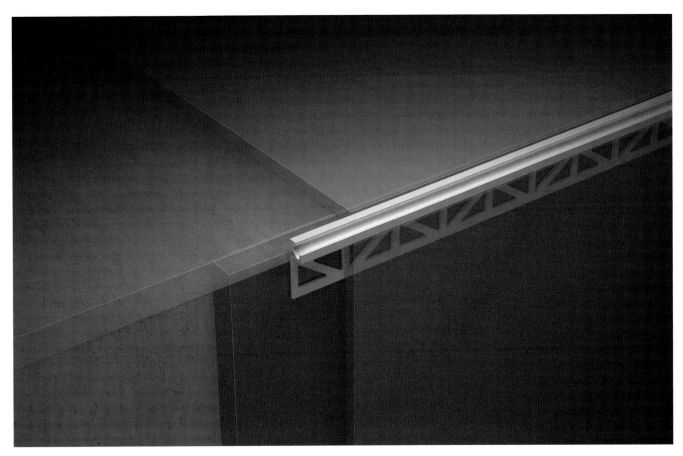

透明结构图

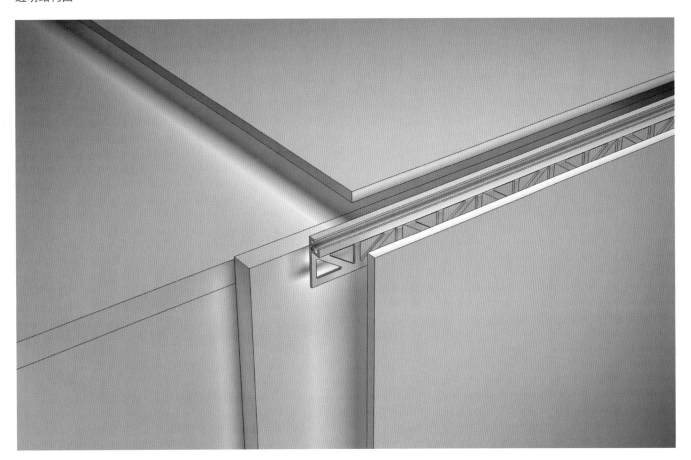

白模结构拆解图

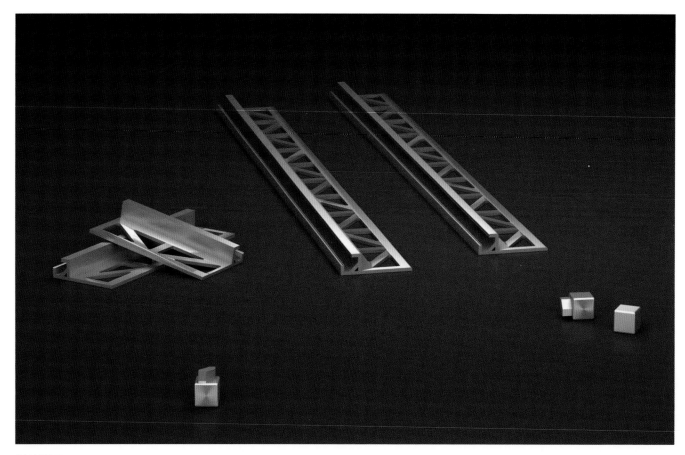

材料特写

多种规格和颜色的材料特写

**解析** 本例演示了阳角内凹型材的使用，通常情况下这种内凹型材很少见。作者通过实例的展示确定这样的施工方案是可行的，精细的收口处理，可以最大限度地还原设计理念，设计方案可以落地执行。

效果展示图

## ■ 1.10 墙砖金属线条收口

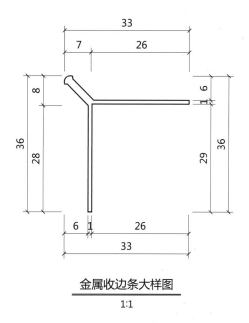

金属收边条大样图
1:1

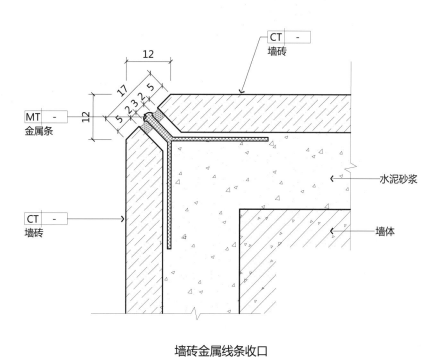

墙砖金属线条收口
剖面图
1:1

三维剖视图

结构拆解图

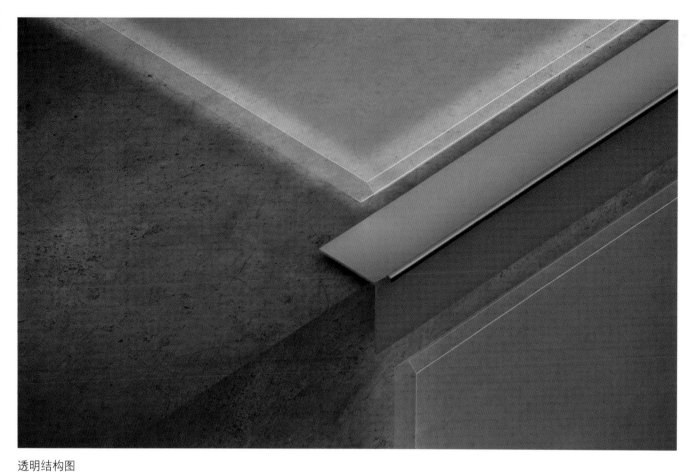

透明结构图

**解析** 阳角金属线条收口的设计方案在实际项目中应用很多，比
如 LV 店铺就大量采用此收口方案。这样的收口对墙砖要求较
高，出厂的时候就要做好切口处理。如果是石材，切口处需要抛
光磨边。金属线条宽可以做到 2~5mm，依据设计风格而定。

三维剖视图

# ■1.11　墙砖斜面金属条收口（一）

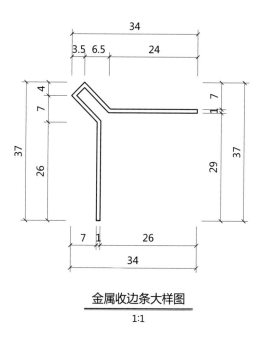

金属收边条大样图
1:1

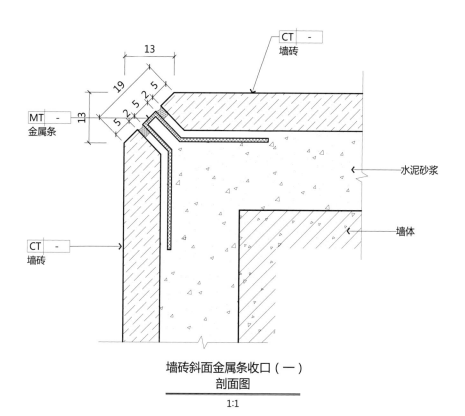

墙砖斜面金属条收口（一）
剖面图
1:1

白模结构拆解图（一）

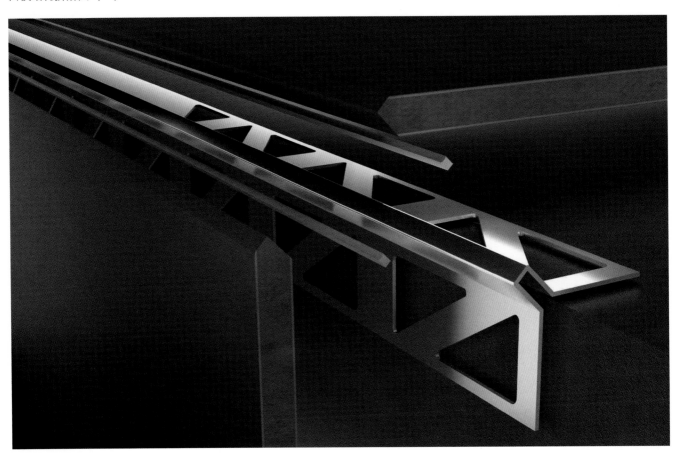

结构拆解图

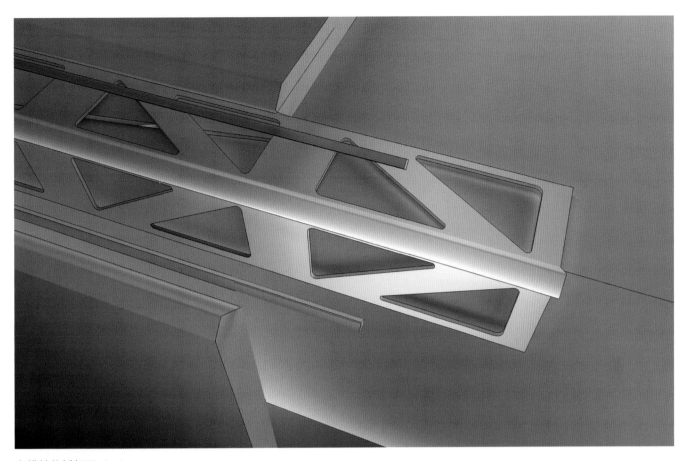

白模结构拆解图（二）

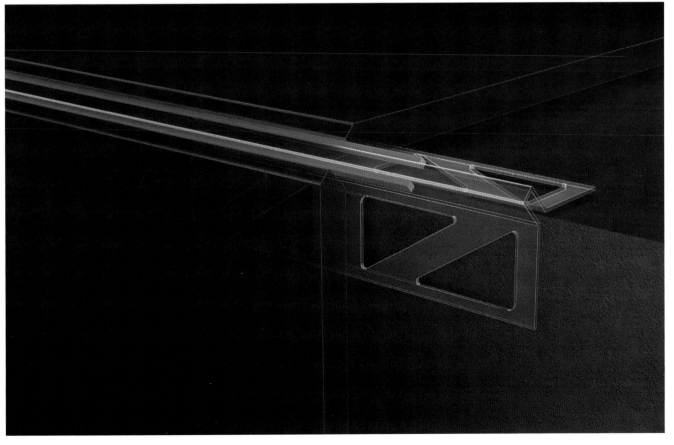

透明剖视图

三维剖视图

结构拆解图

# ▧ 1.12 墙砖斜面金属条收口（二）

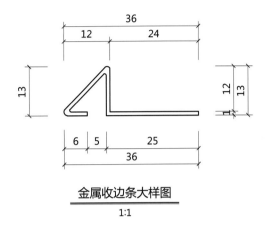

金属收边条大样图
1:1

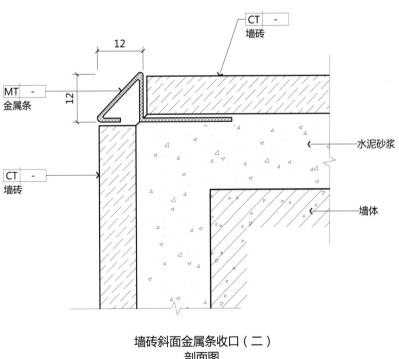

墙砖斜面金属条收口（二）
剖面图
1:1

效果展示图

## ■1.13 木作弧面金属条收口（一）

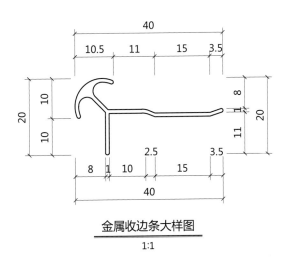

金属收边条大样图
1:1

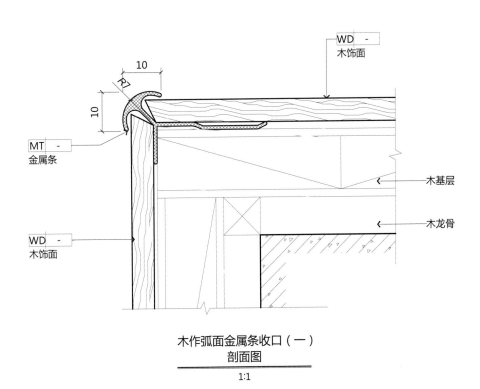

木作弧面金属条收口（一）
剖面图
1:1

三维剖视图

结构拆解图

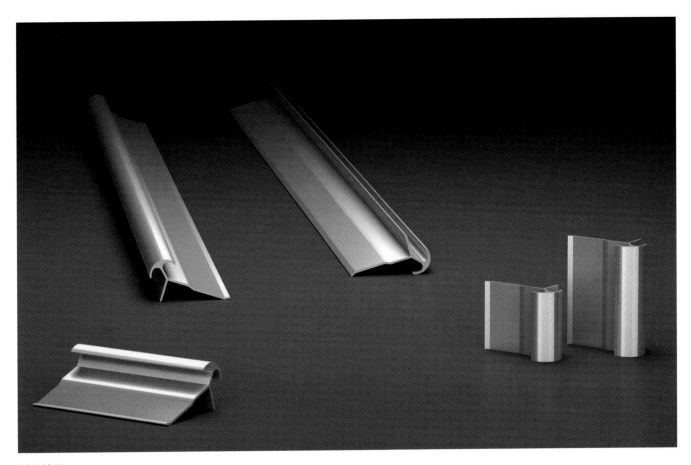

材料特写

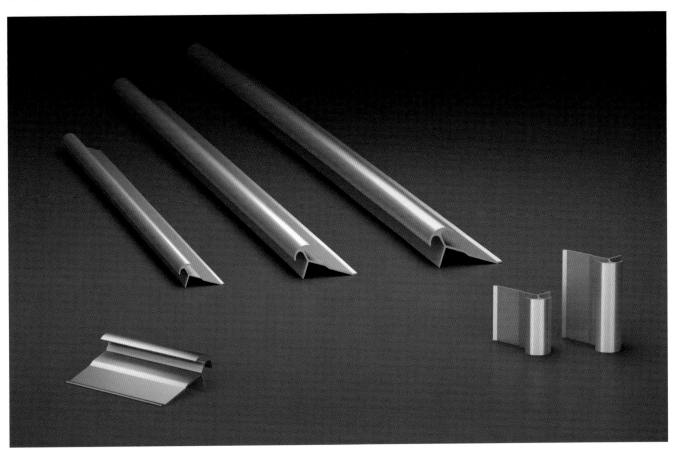

多种规格和颜色的材料特写

效果展示图

## ▪ 1.14 木作弧面金属条收口（二）

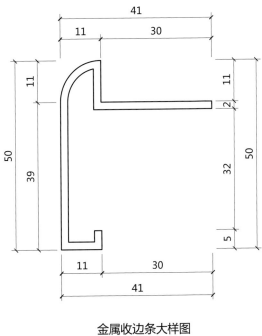

金属收边条大样图
1:1

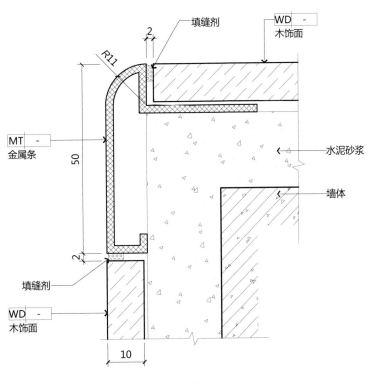

木作弧面金属条收口（二）
剖面图
1:1

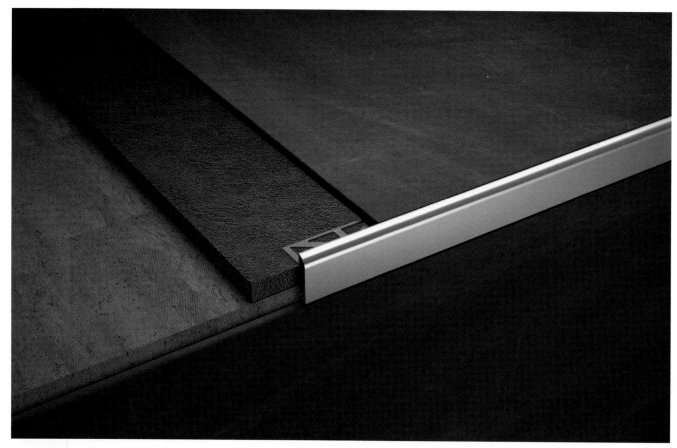

三维剖视图

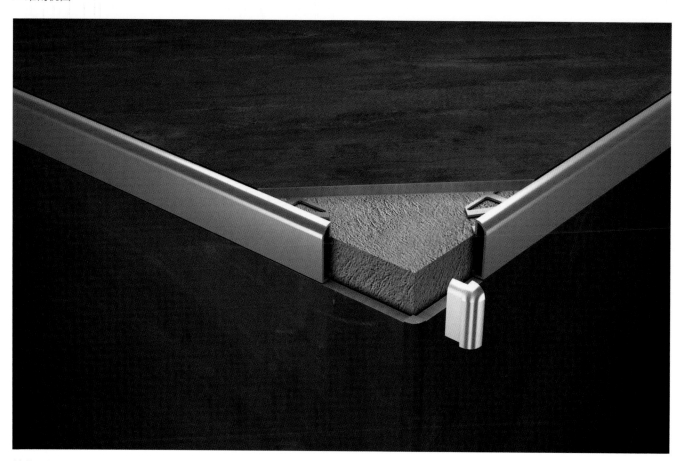

结构透视图

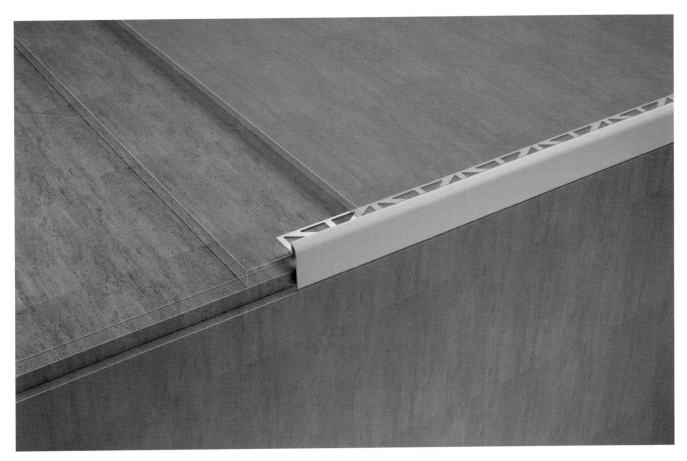

透明结构图

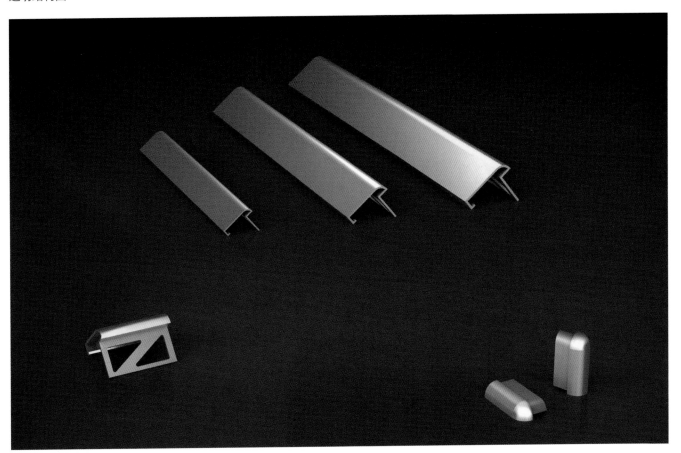

多种规格和颜色的材料特写

结构拆解图

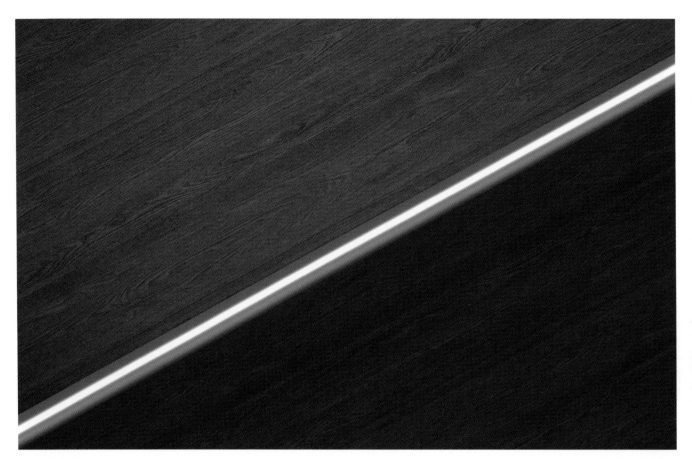

效果展示图

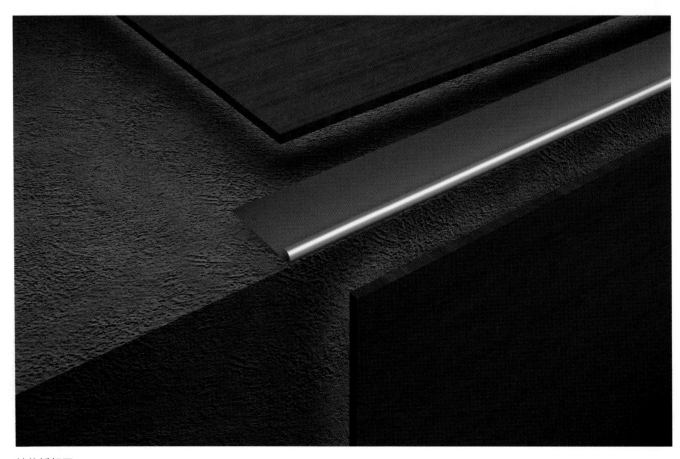

结构拆解图

## ▓ 1.15 PVC 地板踏步弧面金属条收口

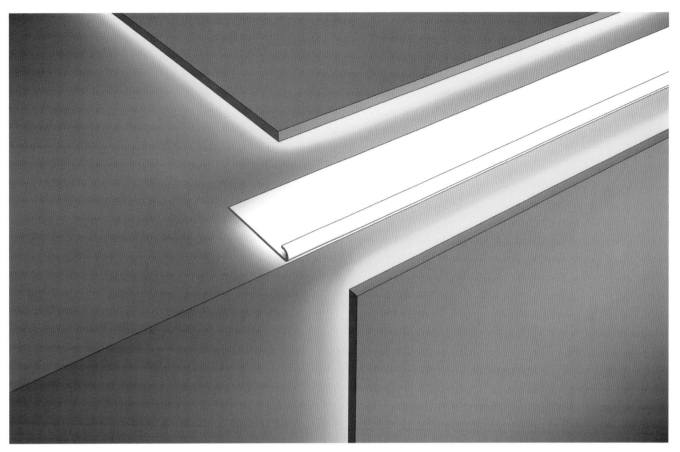

白模结构拆解图

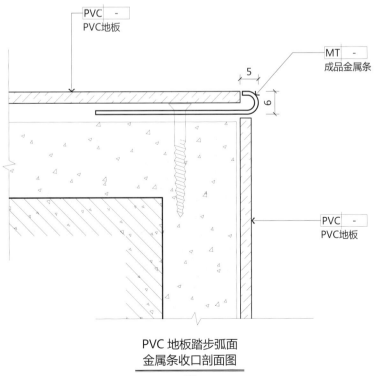

PVC 地板踏步弧面
金属条收口剖面图

1:1

效果展示图

三维剖视图

## ▪ 1.16 PVC 地板踏步直角金属条收口

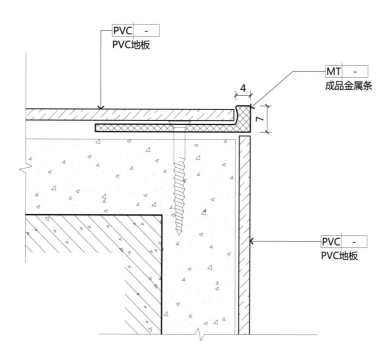

PVC 地板踏步直角
金属条收口剖面图

1:1

结构拆解图

三维剖视图

## ▓ 1.17 木地板踏步金属防滑条收口

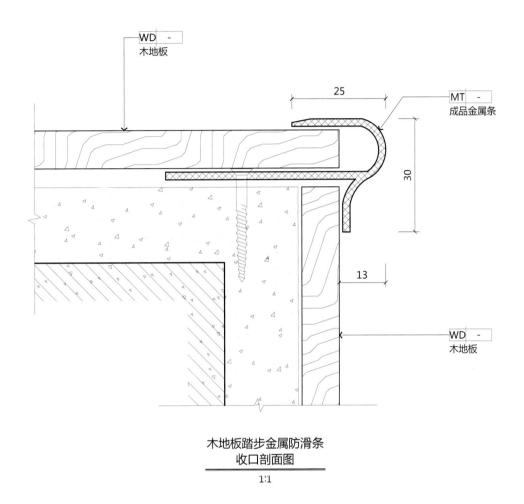

木地板踏步金属防滑条
收口剖面图

1:1

**解析** 本案例地面为 PVC 地板，有踏步的情况下阳角收口需要使用成品金属条，图中为弧面型材，一方面起到收口的作用，另一方面还可以起到防滑的作用。这种做法多用于商业空间和比较经济的空间，造价低，施工快，效果好。

白模剖视图

结构拆解图

## ■ 1.18  PVC 地板踏步金属防滑条收口

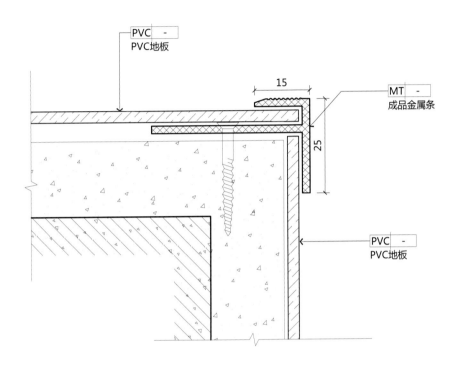

PVC
PVC地板

15

MT　-
成品金属条

25

PVC　-
PVC地板

PVC 地板踏步金属
防滑条收口剖面图

1:1

**解析**  本案例地面为 PVC 地板，踏步采用金属条收口，收边条和上一案例区别在于有防滑槽。PVC 地板用 3mm 厚的胶粘贴地面固定。防滑条用自攻螺钉固定，安全牢固，施工方便，造价低。此施工方式非常常见，但设计人员平时经常忽略这一细节。

效果展示图

三维剖视图

## ▪ 1.19 PVC 地板踏步金属防滑槽收口

结构拆解图

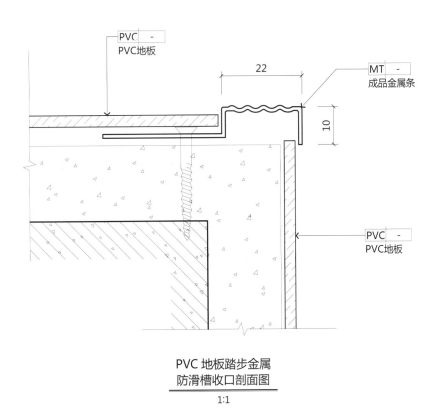

PVC 地板踏步金属
防滑槽收口剖面图

1:1

效果展示图

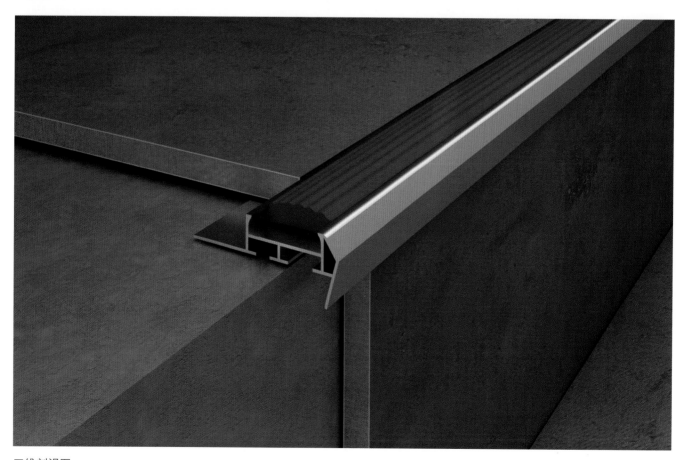

三维剖视图

## ■ 1.20 地砖踏步嵌胶垫金属防滑槽收口

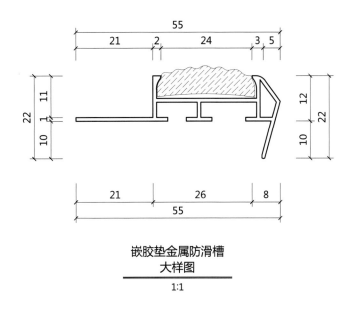

嵌胶垫金属防滑槽
大样图
1:1

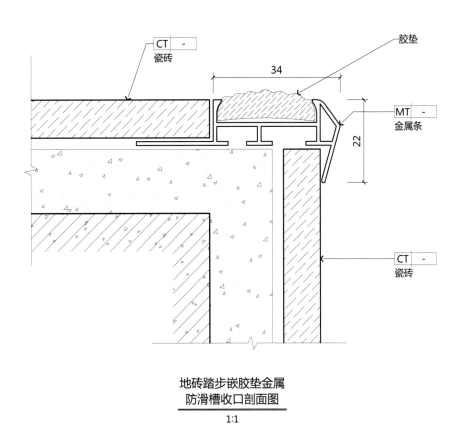

地砖踏步嵌胶垫金属
防滑槽收口剖面图
1:1

透明剖视图

结构拆解图

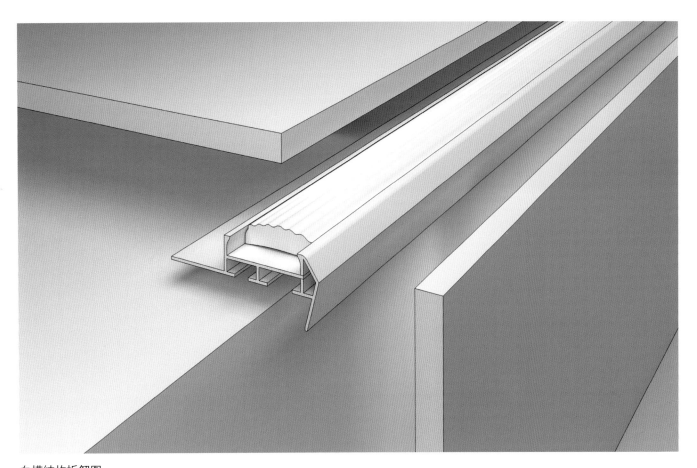

白模结构拆解图

**解析** 本例采用成品金属防滑条，带有防滑胶垫，适合多种材料
收口，如地砖、地板、地毯等，防滑效果好，安装方便。安装方
法：先固定金属条，然后湿贴地砖，最后安装胶条。这一做法多
用于商业空间。

# 第 2 章 ｜ 阴角收口

　　室内装饰项目中采用金属条进行阴角收口的比较少，书中选取 11 个实例加以解析，主要演示瓷砖和石材收口。这类金属收边条尺寸不同、样式丰富、颜色多样，市面上很容易购买到。书中展示了很多阴角金属条收口的运用效果，并剖析了结构做法，希望能给读者们带来灵感，若应用于实际项目中，相信竣工后的效果会超出您的预期。

结构拆解图

三维剖视图

## ▪ 2.1　木地板与墙面金属条收口

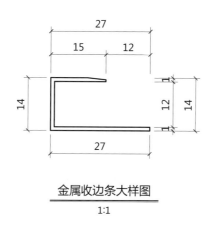

金属收边条大样图

1:1

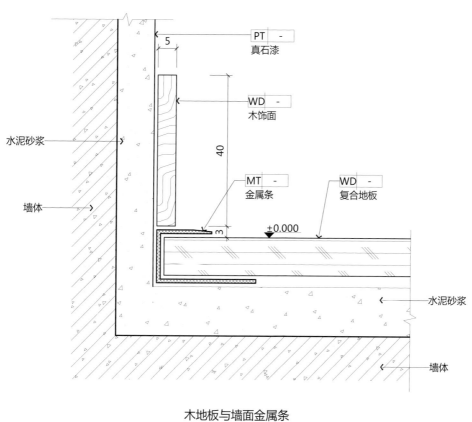

木地板与墙面金属条
收口剖面图

1:1

效果展示图

## ■2.2　地面与墙面直角金属条收口

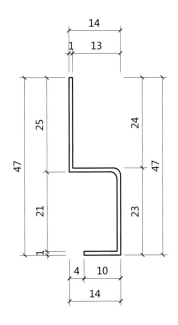

金属收边条大样图

1:1

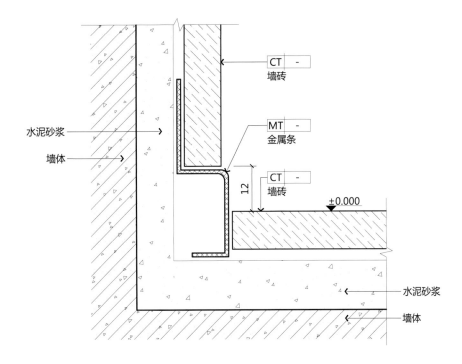

地面与墙面直角金属条
收口剖面图

1:1

三维剖视图（一）

三维剖视图（二）

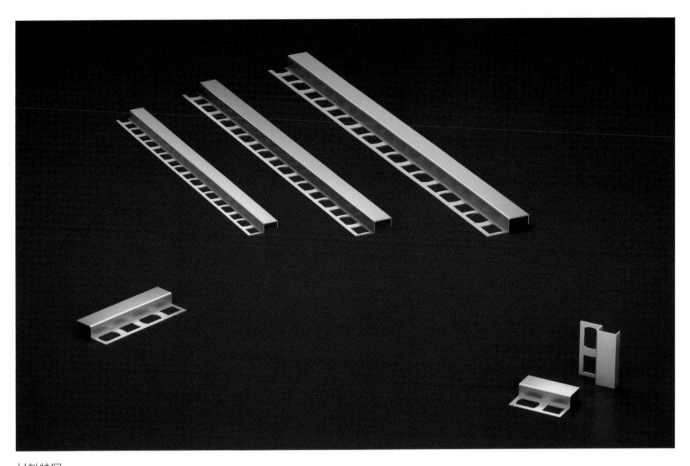

材料特写

**解析**  此阴角收边条可以理解成精致的踢脚线，高度尺寸可做成
20mm、30mm、40mm，不但有较好的视觉效果，还具有一定的
实用性。像本例这样平收的方案不常见，多数设计都做成内凹或
者外凸，但是笔者个人认为做平效果更独特。这种做法对施工和
型材要求较高，在费用预算较充足的情况下，推荐设计师大胆尝
试和创新一下。

效果展示图

## ■ 2.3 地面与墙面凹面金属条收口（一）

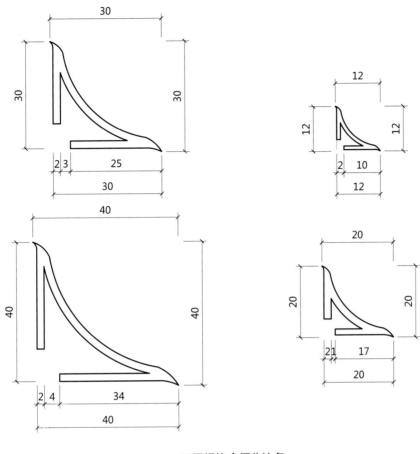

不同规格金属收边条
大样图

1:1

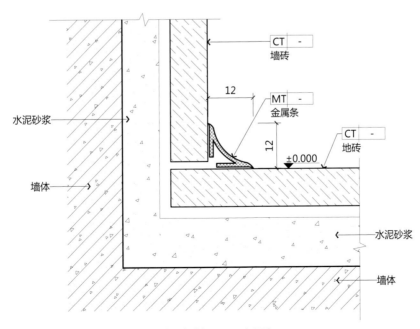

地面与墙面凹面金属条
收口（一）剖面图

1:1

结构拆解图

三维剖视图

透明结构图

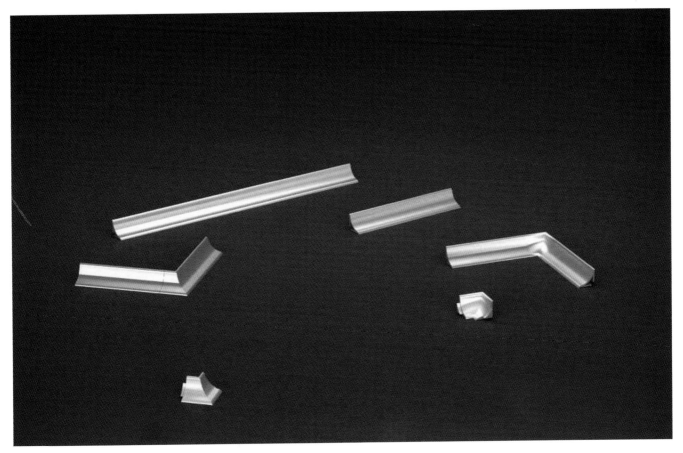

材料特写

效果展示图

## ■ 2.4 地面与墙面凹面金属条收口（二）

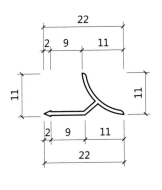

金属收边条大样图

1:1

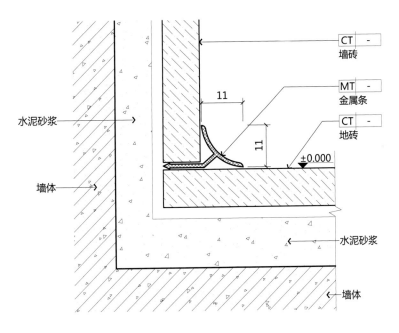

地面与墙面凹面金属条
收口（二）剖面图

1:1

三维剖视图

透明结构图

结构拆解图

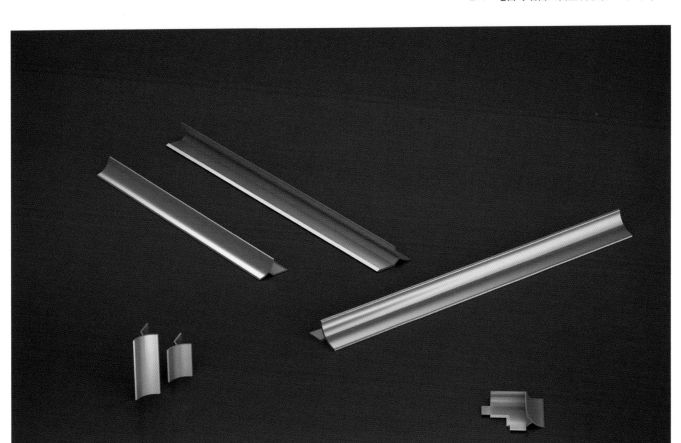

多种规格和颜色的材料特写

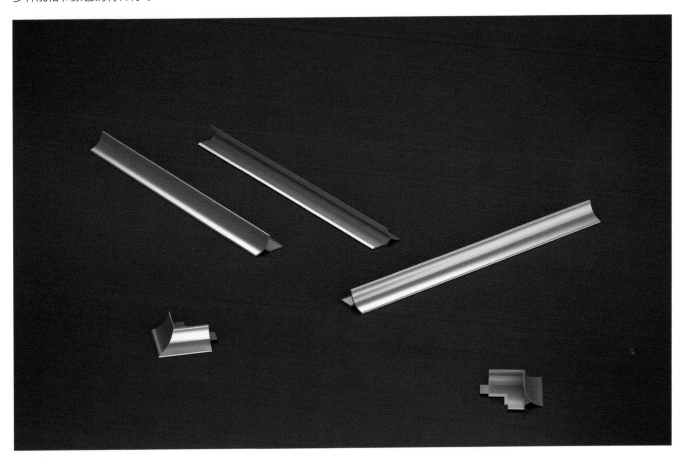

材料特写

效果展示图

## ▪ 2.5　地面与墙面凹面金属条收口（三）

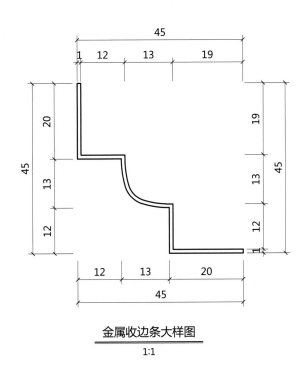

金属收边条大样图
1:1

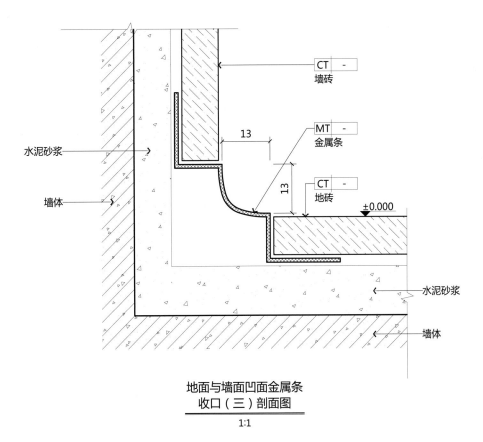

地面与墙面凹面金属条
收口（三）剖面图
1:1

结构拆解图

三维剖视图

**解析** 此阴角收口方式不仅适合地面，也适合墙面，收边型材的厚度为1mm，尺寸可以依据设计施工要求现场调整，除瓷砖以外，还可以用于石材、木作、玻璃等材料。弧形设计便于后期清洁保养，但是对施工有一定技术要求，造价相对较高。这种收口做法适用于各种空间。

效果展示图

## ■2.6　地面与墙面凹面金属条收口（四）

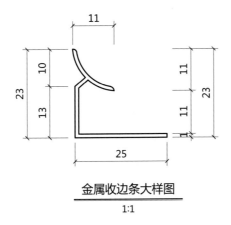

金属收边条大样图

1:1

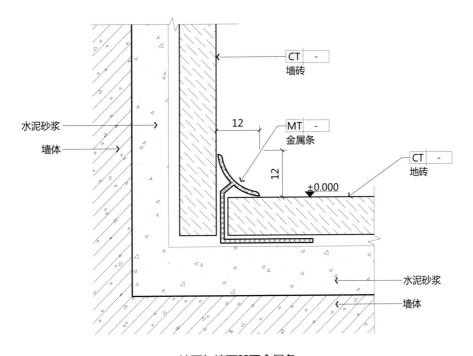

地面与墙面凹面金属条
收口（四）剖面图

1:1

结构拆解图（一）

结构拆解图（二）

结构拆解图（三）

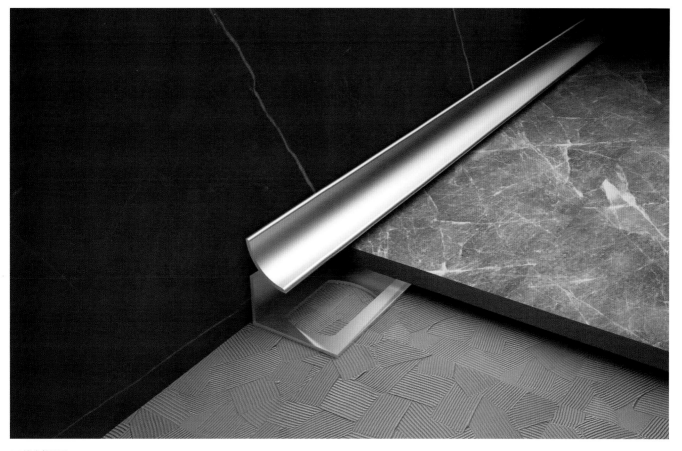

三维剖视图

三维剖视图

结构拆解图

## ■ 2.7　地面与墙面凹面金属条收口（五）

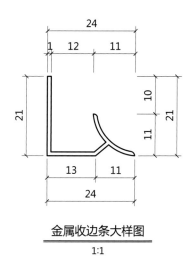

金属收边条大样图
1:1

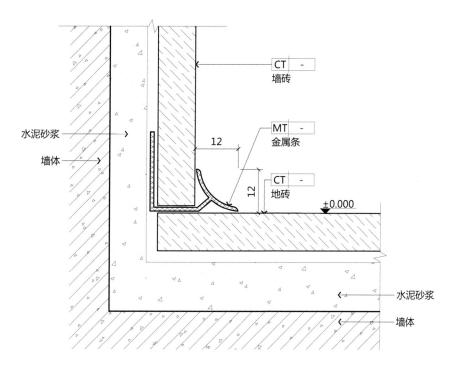

地面与墙面凹面金属条
收口（五）剖面图
1:1

效果展示图（一）

效果展示图（二）

### ■ 2.8　地面与墙面斜面金属条收口

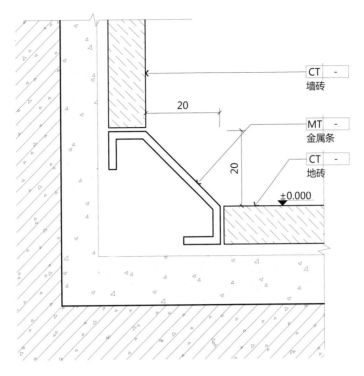

CT　-
墙砖

MT　-
金属条

CT　-
地砖

20

20

±0.000

地面与墙面斜面金属条
收口类型 A 剖面图

1:1

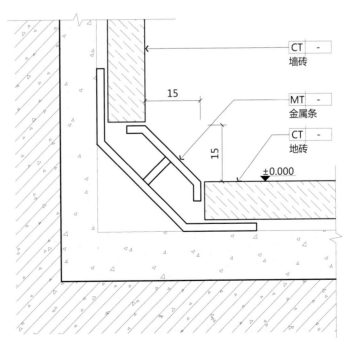

CT　-
墙砖

MT　-
金属条

CT　-
地砖

15

15

±0.000

地面与墙面斜面金属条
收口类型 B 剖面图

1:1

三维剖视图（一）

结构拆解图

三维剖视图（二）

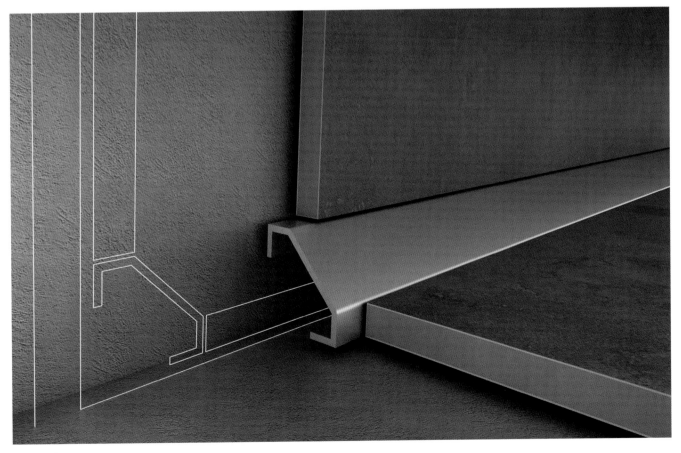

三维剖视图（三）

效果展示图

## ■ 2.9　地面与墙面弧面金属条收口

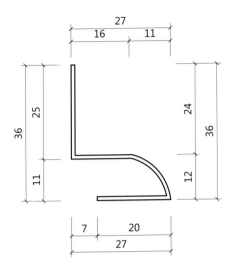

金属收边条大样图
1:1

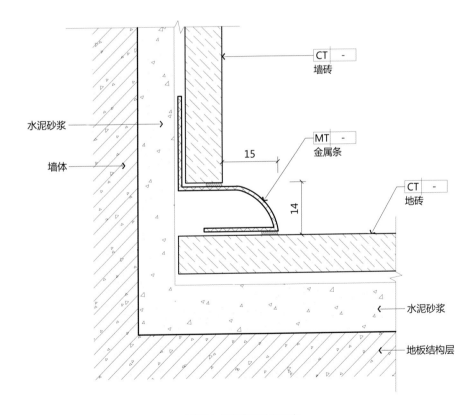

地面与墙面弧面金属条
收口剖面图
1:1

三维剖视图

结构拆解图

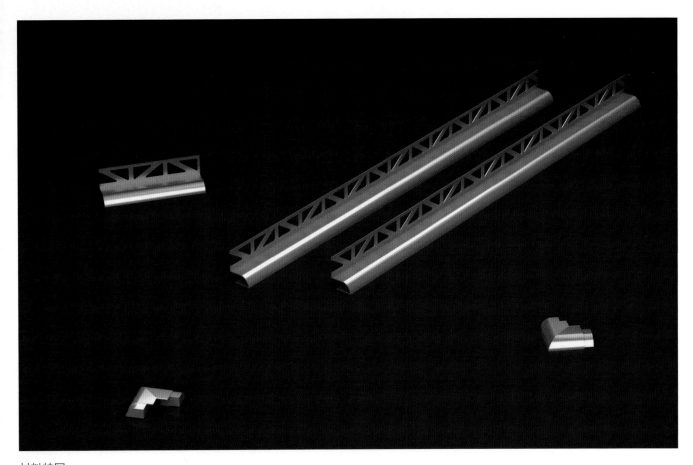

材料特写

**解析** 本案例为阴角弧面型材收口，此型材与同类型材相比更有
设计感和质感。型材采用表层镀膜的处理方式，给予材料更坚固
和持久的保护；还有各种高度的规格，使其适用于各种主材间的
结合。

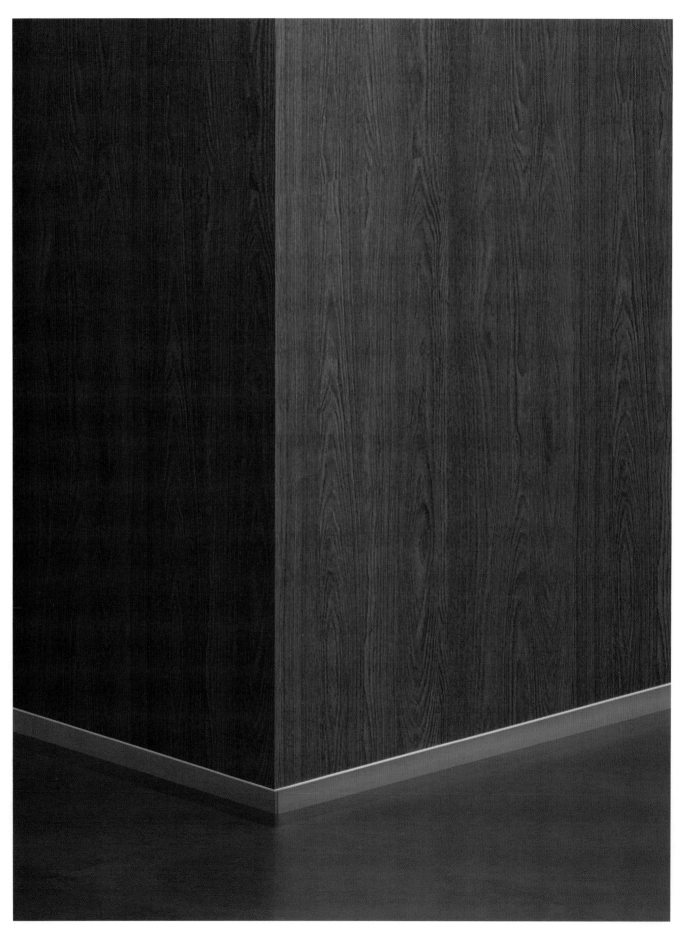

效果展示图

## ■ 2.10 地面与墙面内凹式金属条收口

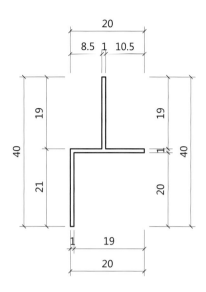

金属收边条大样图

1:1

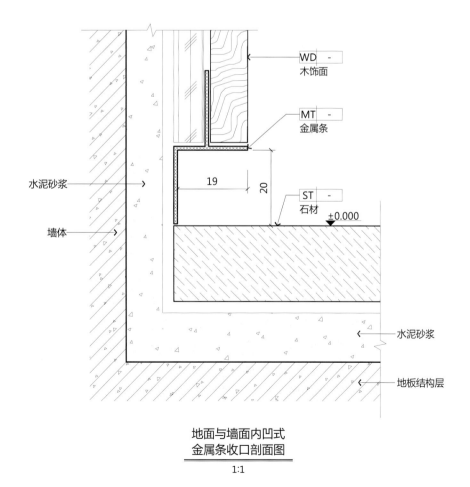

地面与墙面内凹式
金属条收口剖面图

1:1

三维剖视图

结构拆解图

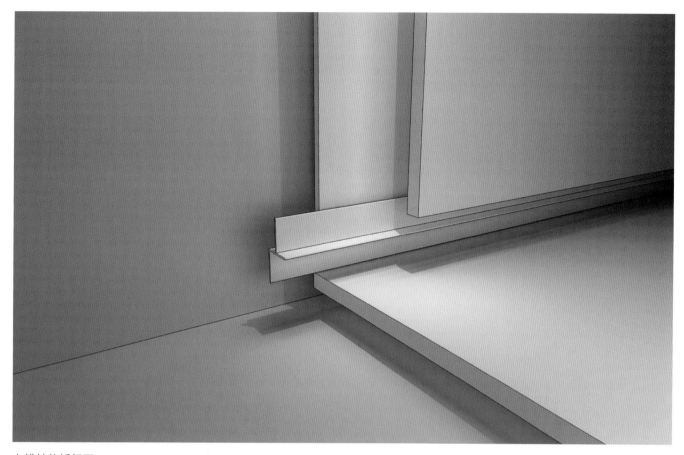

白模结构拆解图

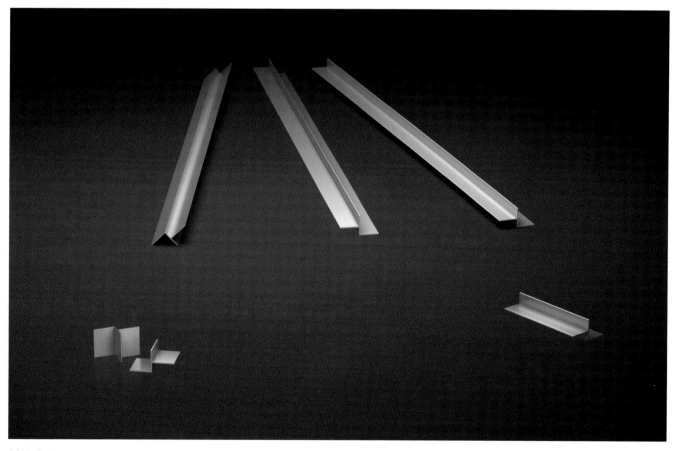

材料特写

三维剖视图

材料展示

# ▪ 2.11 金属踢脚线

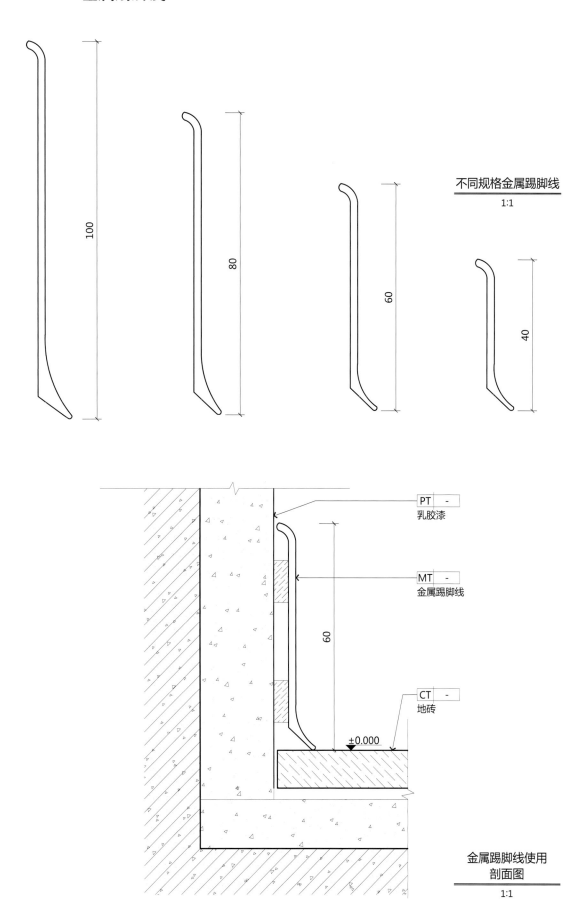

不同规格金属踢脚线
1:1

PT -
乳胶漆

MT -
金属踢脚线

CT -
地砖

±0.000

金属踢脚线使用
剖面图
1:1

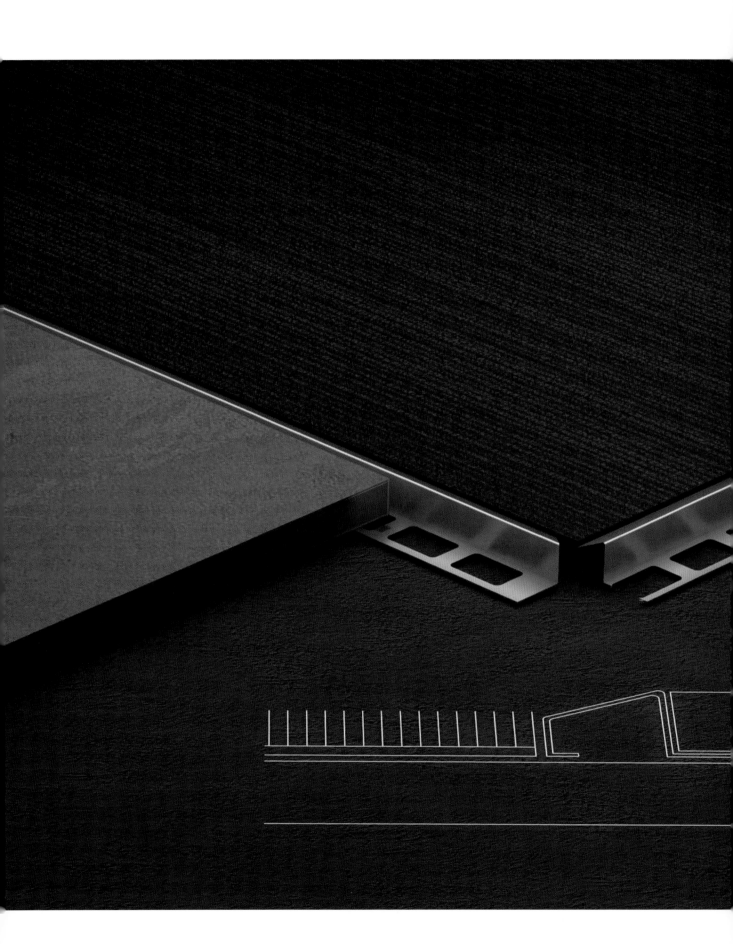

# 第 3 章 ｜ 平角收口

　　不同材料在同一平面相接，需要做收口过渡。常见的收口材料有 T 形金属条和 U 形金属条，书中提供了很多其他具有设计感并且很少见的样式，同时演示了内部剖视结构，帮助读者了解施工做法，确认自己方案的可实施性。特别是对于经验不是很丰富，去现场机会较少的读者，这些实例能给大家更多选择来表达自己的设计理念。对于室内装饰项目，细节处理、收口设计是非常重要的，每一位设计师都要做到深度了解，只有这样才能做出高品质项目。

效果展示图

## ▓ 3.1　T形金属条收口

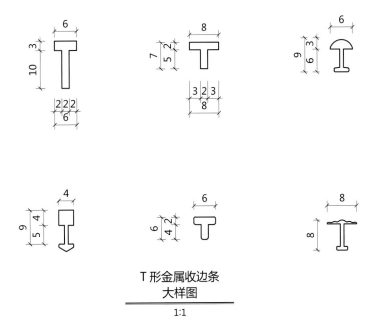

T形金属收边条
大样图

1:1

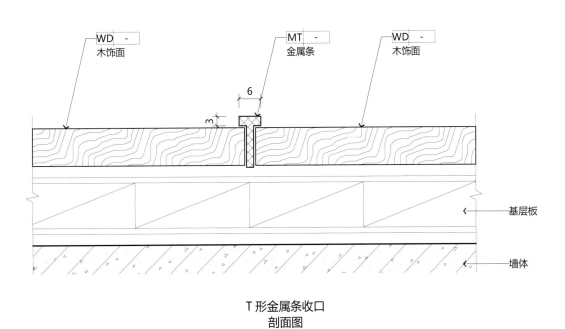

T形金属条收口
剖面图

1:1

三维剖视图

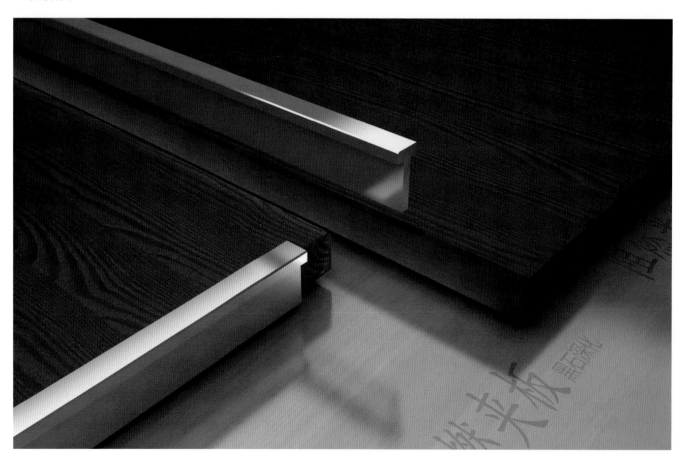

结构拆解图

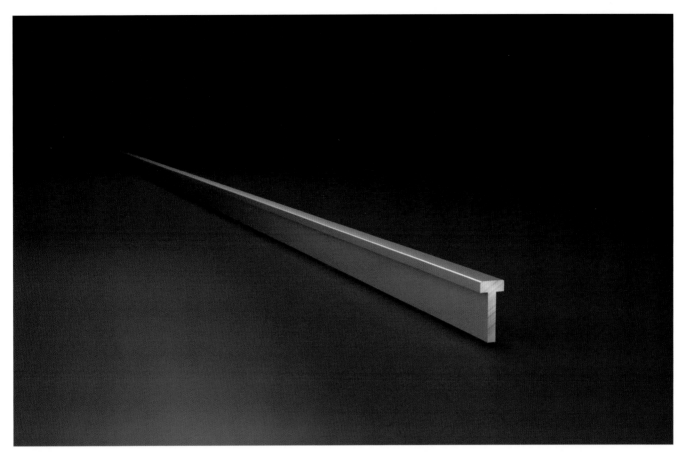

材料特写

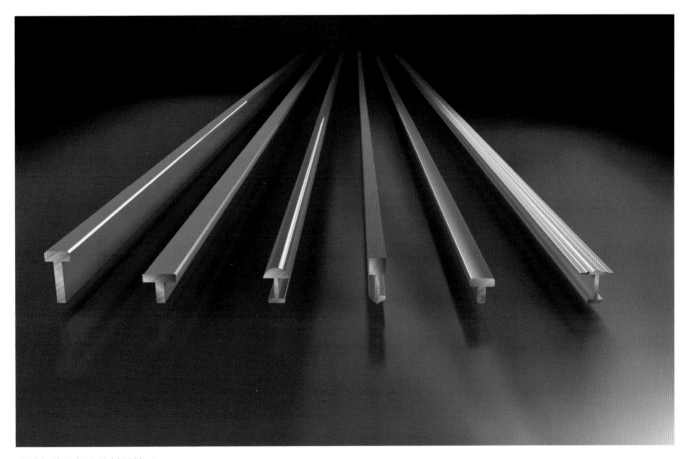

多种规格和颜色的材料特写

效果展示图

## ▪ 3.2 内凹式金属条收口

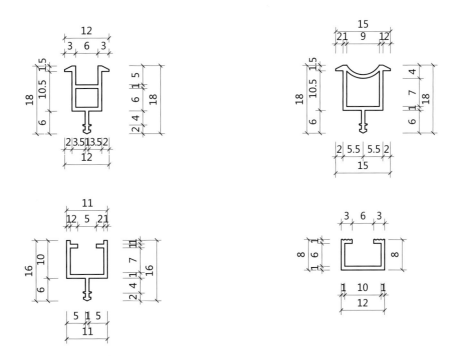

不同规格内凹式金属
收边条大样图

1:1

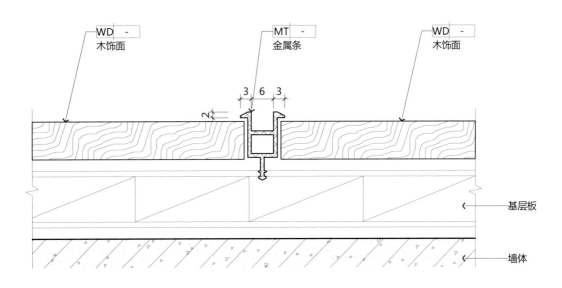

内凹式金属条收口
剖面图

1:1

三维剖视图

结构拆解图

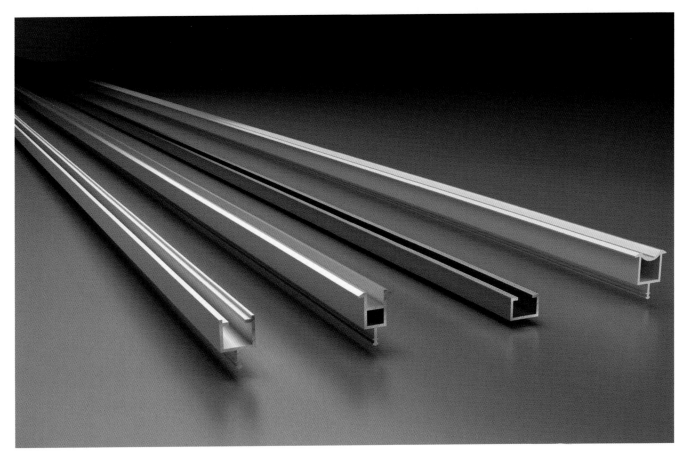

多种规格和颜色的材料特写

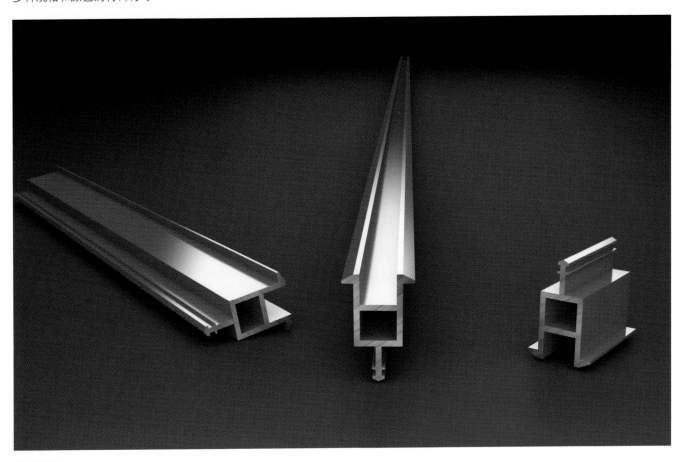

材料特写

效果展示图（一）

## ■3.3 方管形金属条收口

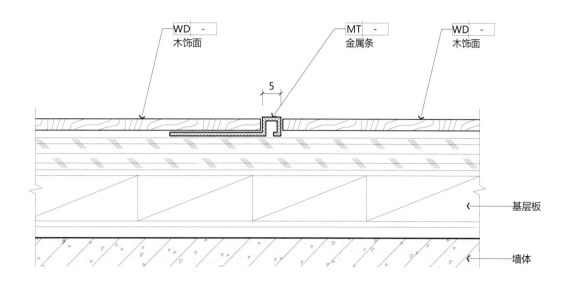

WD -
木饰面

MT -
金属条

WD -
木饰面

5

基层板

墙体

方管形金属条平角
收口剖面图

1:1

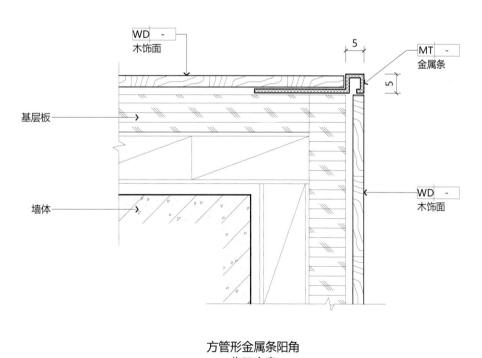

WD -
木饰面

5

5

MT -
金属条

基层板

墙体

WD -
木饰面

方管形金属条阳角
收口方案

1:1

结构拆解图

三维剖视图

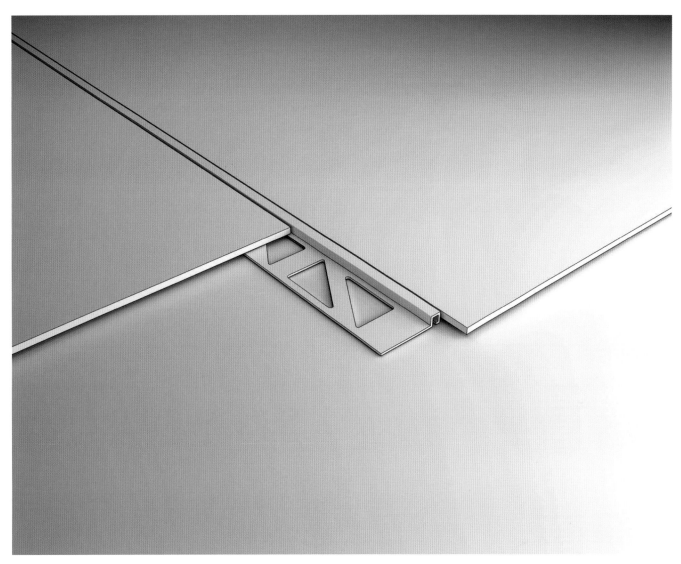

白模剖视图

**解析** 木饰面镶嵌金属条是常见的一种设计手法。金属收边条规格和样式较多，依据饰面材料不同，厚度也各不相同。书中选用截面高度 5mm 铝型材作为案例进行讲解，可以用于平角收口和阳角收口。此金属条可以用作木饰面、石材、铝板、玻璃等材质的收口。为了更深一步阐述工艺做法，书中选用效果图、三维剖视图、三维结构拆解图、白模剖视图等方式进行展示，目的是让读者短时间内了解结构做法，做到深入掌握，并且应用到实际设计项目当中去。

效果展示图（二）

白模剖视图

三维剖视图

效果展示图

# ▪ 3.4 U形金属条收口

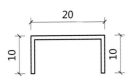

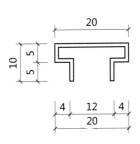
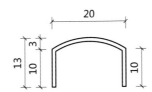
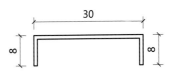

**不同规格 U 形金属**
**收边条大样图**

1:1

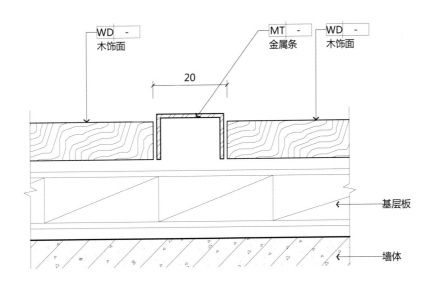

**U 形金属条收口**
**剖面图**

1:1

三维剖视图（一）

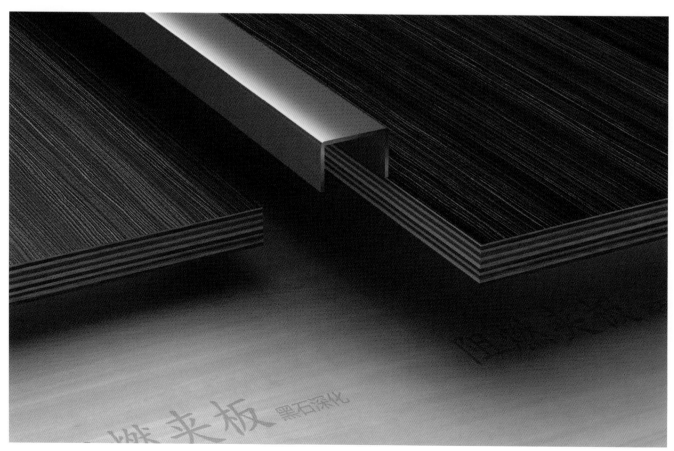

结构拆解图

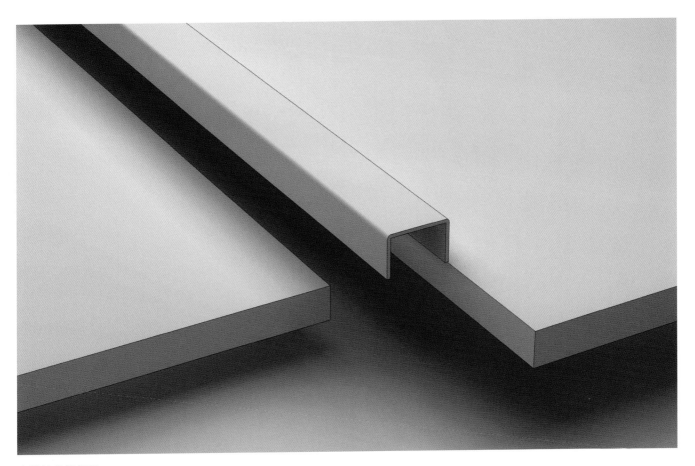

白模结构拆解图

三维剖视图（二）

效果展示图

# ■ 3.5　石材与地板平面收口（一）

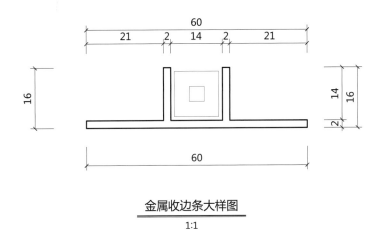

金属收边条大样图
1:1

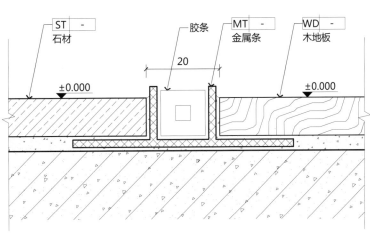

石材与地板平面收口（一）
剖面图
1:1

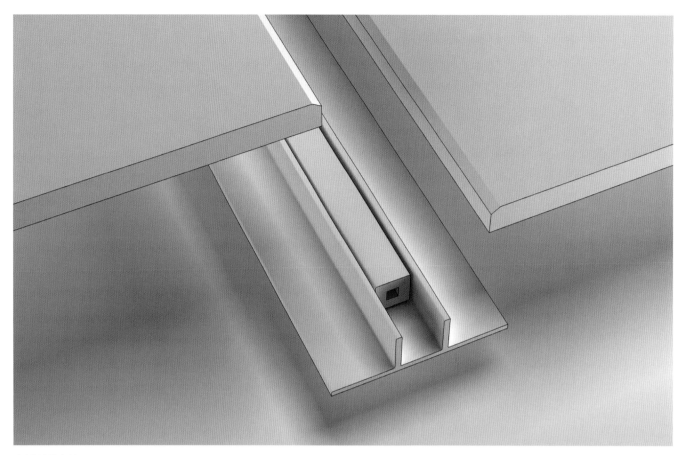

白模结构拆解图

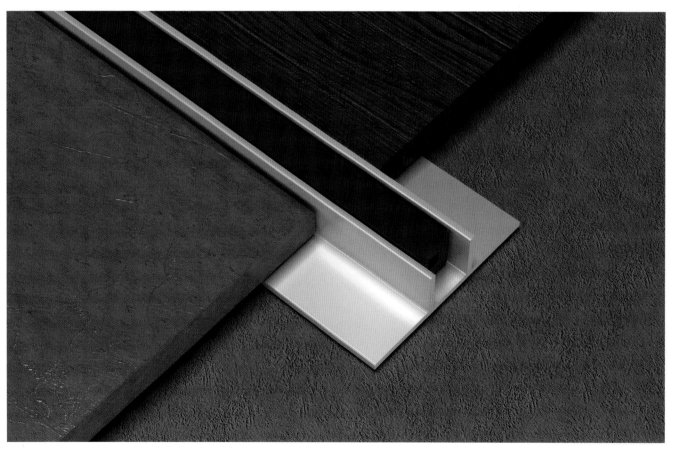

三维剖视图

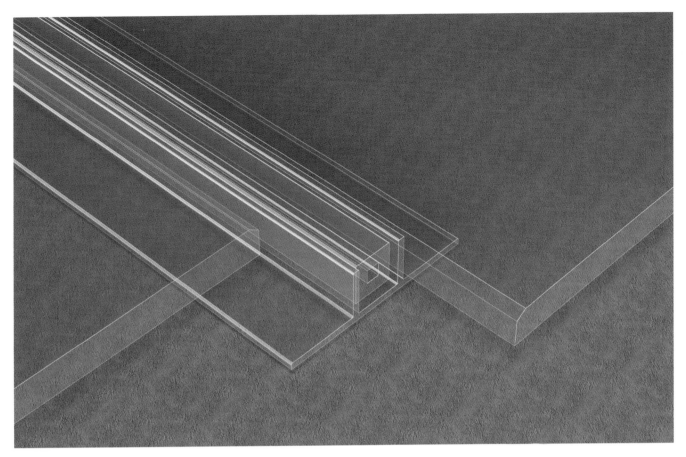

透明结构拆解图

三维结构拆解图

效果展示图

# 3.6 石材与地板平面收口（二）

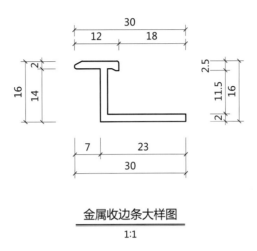

金属收边条大样图
1:1

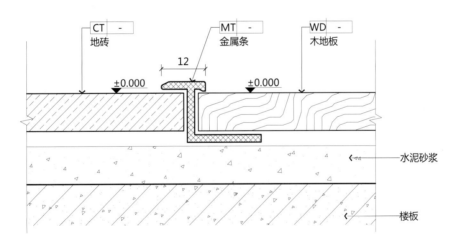

石材与地板平面收口（二）
剖面图
1:1

效果展示图

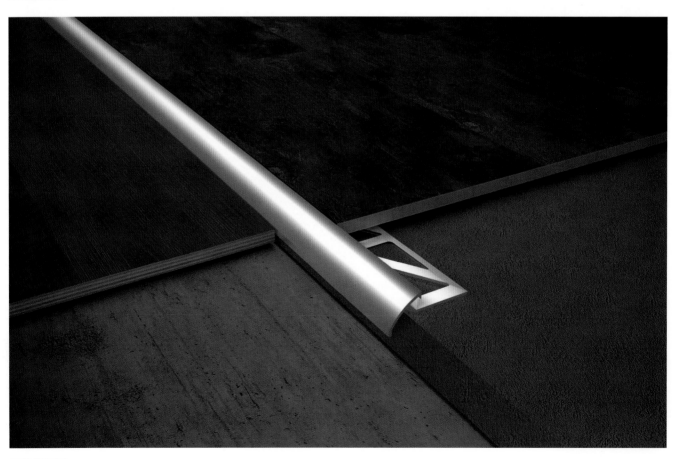

三维剖视图

# ■ 3.7  石材与地板弧面收口

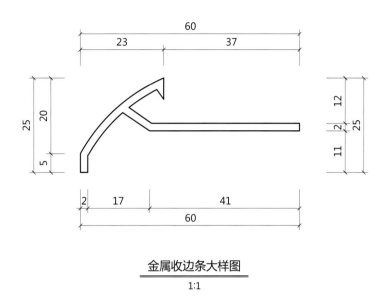

金属收边条大样图

1:1

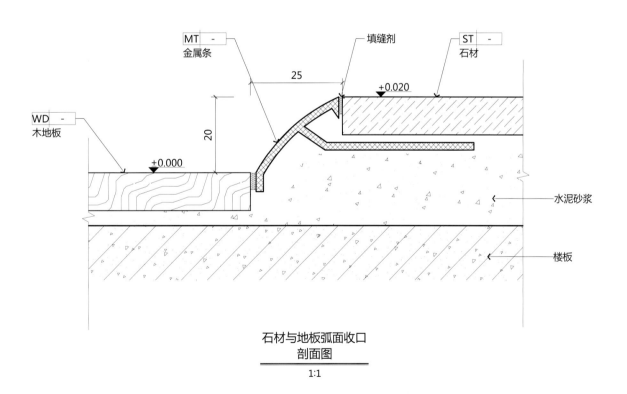

石材与地板弧面收口
剖面图

1:1

效果展示图

## ■ 3.8 石材与地毯有落差收口

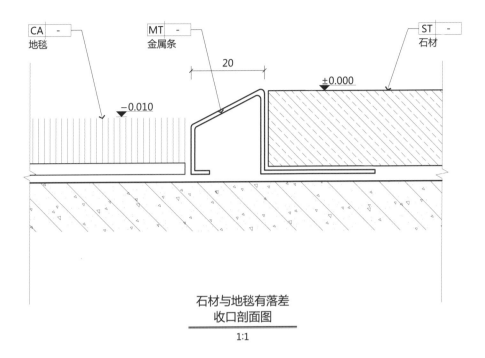

石材与地毯有落差
收口剖面图

1:1

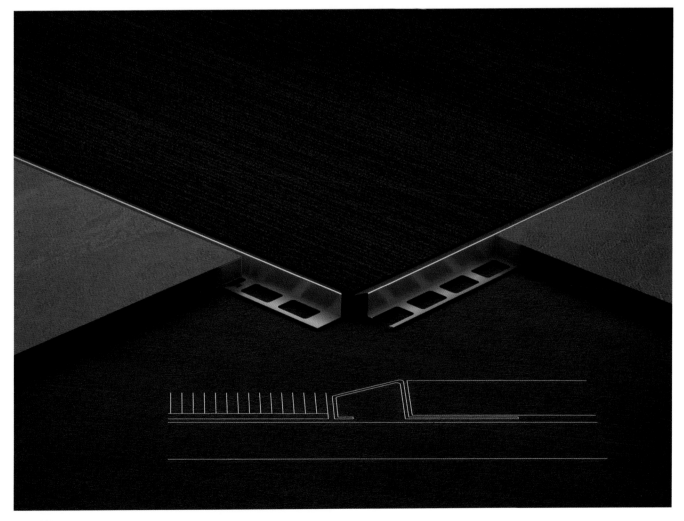

三维剖视图

三维剖视图（一）

三维剖视图（二）

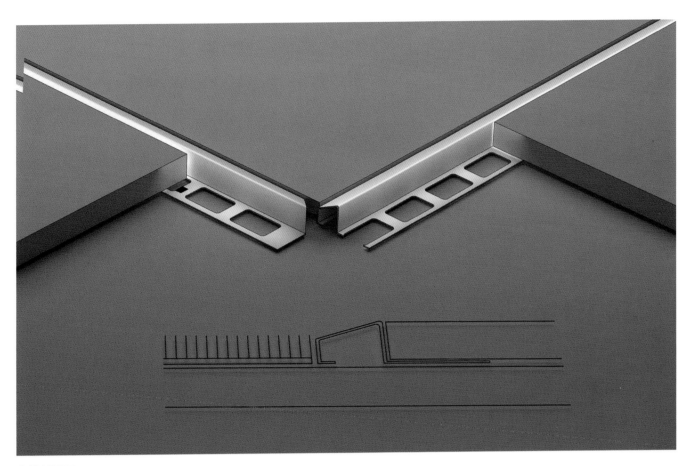

白模剖视图

三维剖视图（三）

三维剖视图（一）

## ■ 3.9 石材与地毯无落差收口

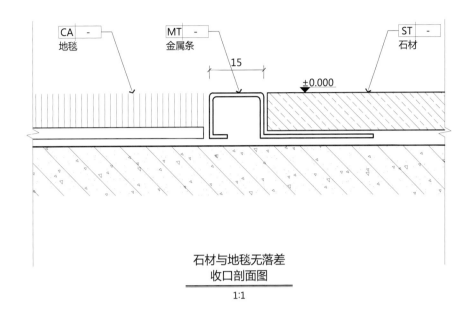

石材与地毯无落差
收口剖面图

1:1

白模剖视图

三维剖视图（二）

无落差收口效果（上图）与有落差收口效果（下图）对比

效果展示图

## ▨ 3.10　玻璃隔断地面固定做法

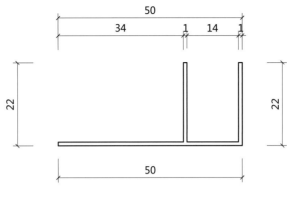

金属收边条大样图

1:1

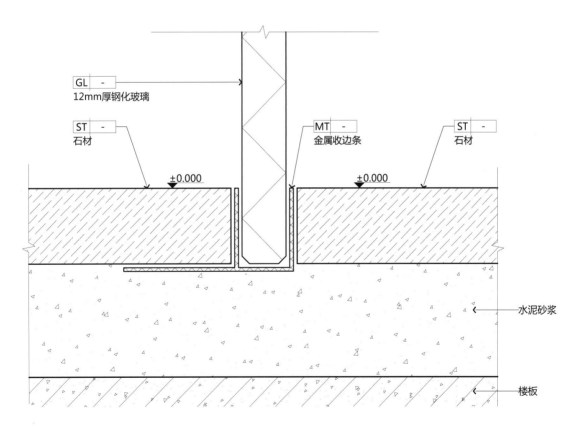

玻璃隔断地面固定
做法剖面图

1:1

三维剖视图（一）

结构拆解图

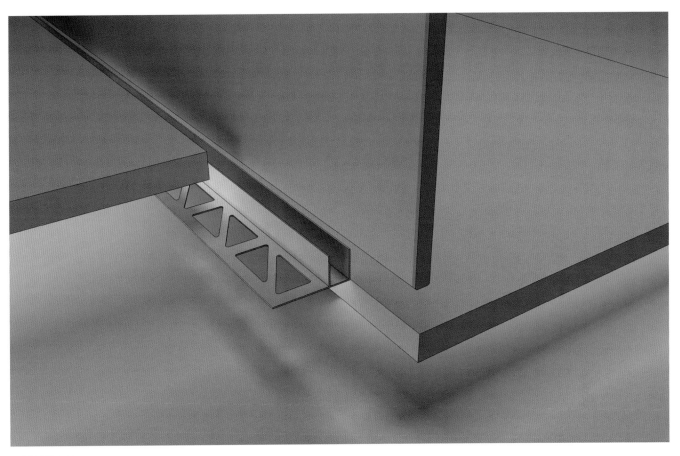

白模结构拆解图

三维剖视图（二）

透明剖视图

三维剖视图

## ▨ 3.11 墙砖与墙漆平面收口

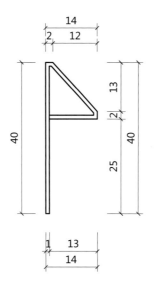

金属收边条大样图
1:1

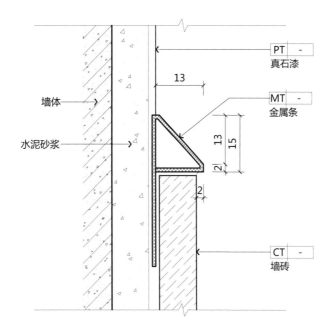

墙砖与墙漆平面收口
剖面图
1:1

三维剖视图

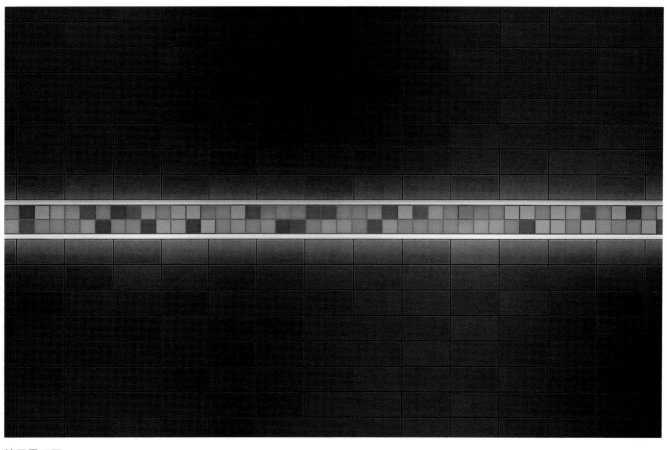

效果展示图

# ■ 3.12  马赛克平面金属条收口

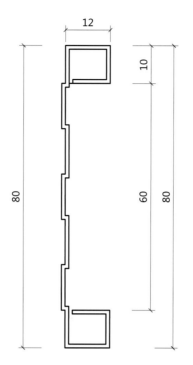

金属收边条大样图
1:1

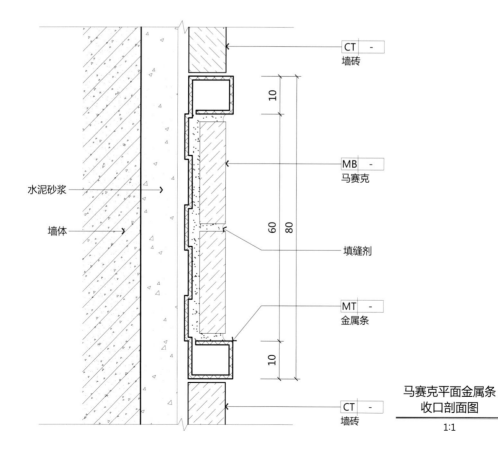

CT —
墙砖

MB —
马赛克

水泥砂浆

墙体

填缝剂

MT —
金属条

CT —
墙砖

马赛克平面金属条
收口剖面图
1:1

三维剖视图

效果展示图

## ■ 3.13　墙砖内凹金属条做法

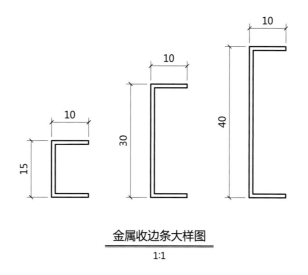

金属收边条大样图
1:1

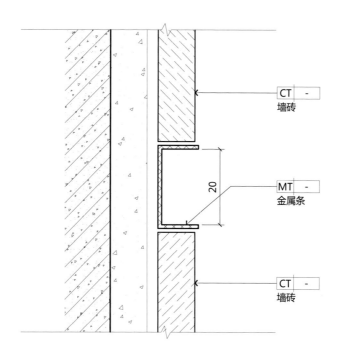

CT - 墙砖

MT - 金属条

CT - 墙砖

墙砖内凹金属条做法
剖面图
1:1

# 第4章 | 灯光

灯光是空间设计的灵魂，传统的 T4 灯管尺寸大、光源不均匀，并且还受空间约束。本章灯光设计选用 LED 灯，并且是成品定制，光效好、尺寸小、应用灵活，如踢脚线灯光，基层小，安装方便，直接嵌入即可。设计师可以大胆地使用此类光源设计，不必担心施工层面是否可行。灯光可以设计在平面上、直角上、阴角上、地面上、踢脚线上、楼梯扶手上，工艺、材料没有约束，安装方便、施工简单，主案设计师可以尽管出想法、出思路，让施工落地变得简单。

效果展示图

# ▪ 4.1 内凹式踢脚线灯光做法（一）

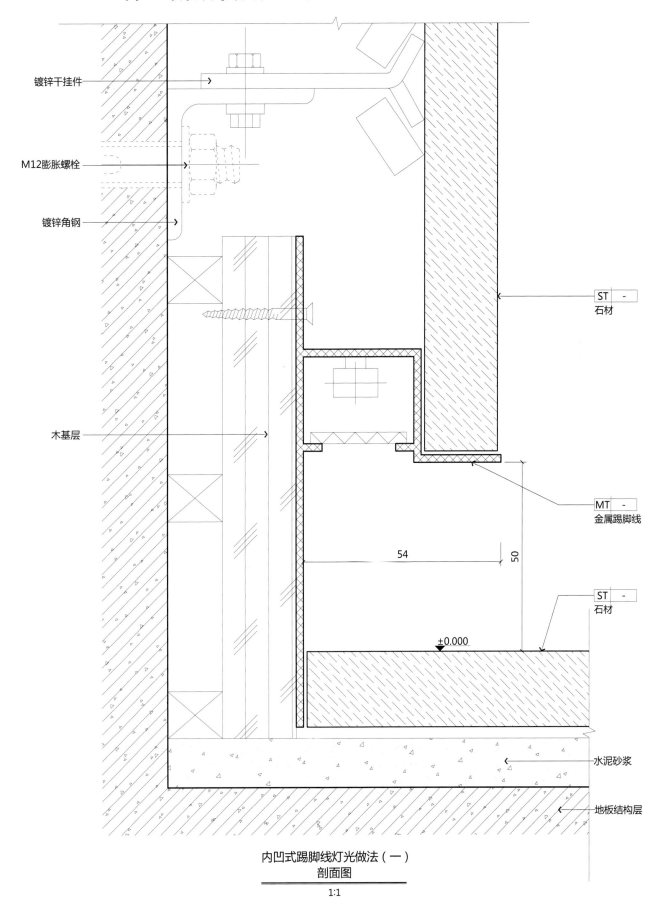

镀锌干挂件

M12膨胀螺栓

镀锌角钢

木基层

ST -
石材

MT -
金属踢脚线

54

50

ST -
石材

±0.000

水泥砂浆

地板结构层

内凹式踢脚线灯光做法（一）
剖面图

1:1

白模结构拆解图

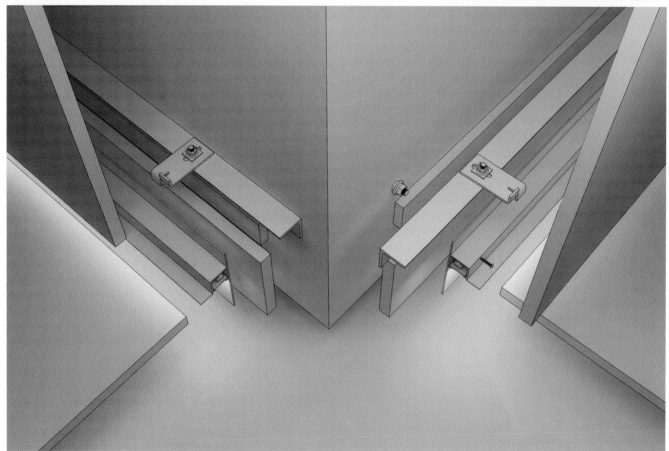

三维剖视图

结构拆解图

三维剖视图

效果展示图

## ■ 4.2 内凹式踢脚线灯光做法（二）

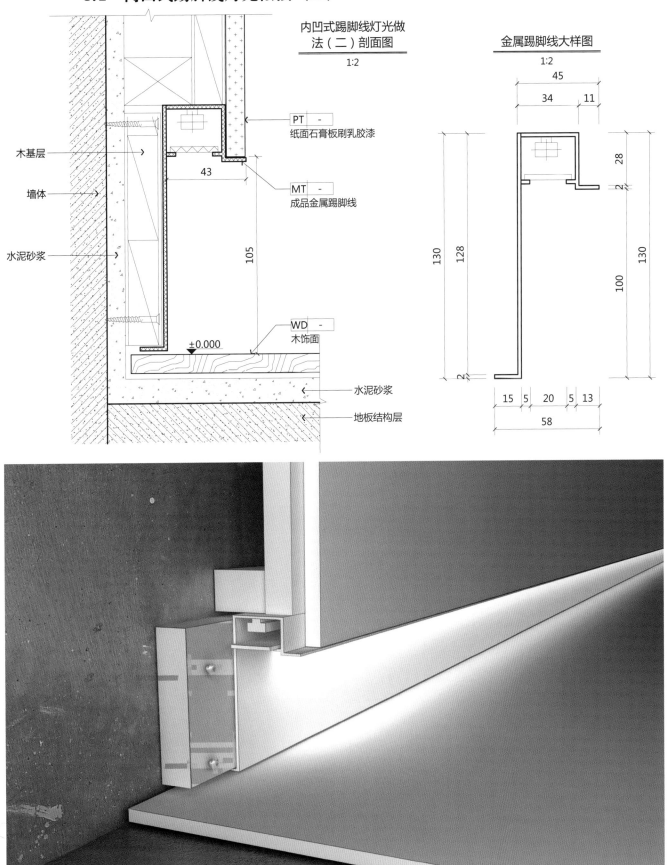

内凹式踢脚线灯光做
法（二）剖面图
1:2

金属踢脚线大样图
1:2

木基层

墙体

水泥砂浆

PT -
纸面石膏板刷乳胶漆

43

MT -
成品金属踢脚线

105

±0.000

WD -
木饰面

水泥砂浆

地板结构层

45
34 11
130
128
28
2
130
100
2
15 5 20 5 13
58

白模剖视图

效果展示图

## ■4.3 凹面踢脚线内凹灯光做法

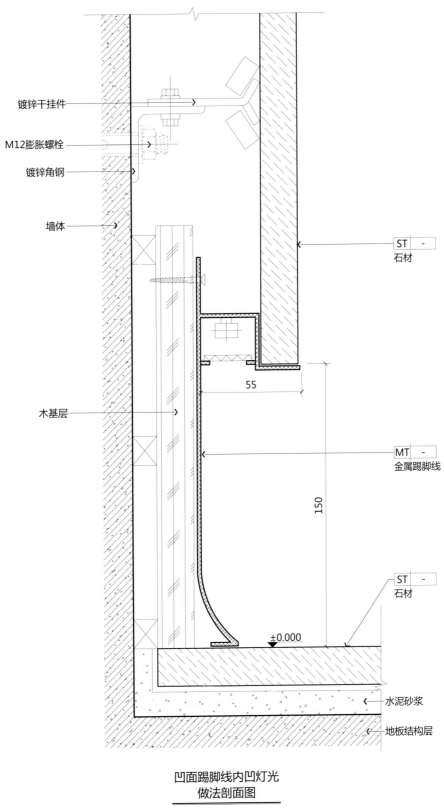

镀锌干挂件

M12膨胀螺栓

镀锌角钢

墙体

ST - 石材

55

木基层

MT - 金属踢脚线

150

ST - 石材

±0.000

水泥砂浆

地板结构层

凹面踢脚线内凹灯光
做法剖面图

1:2

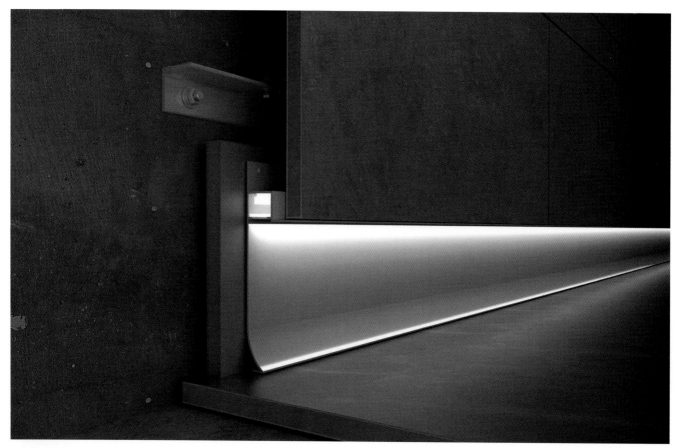

三维剖视图

结构拆解图（一）

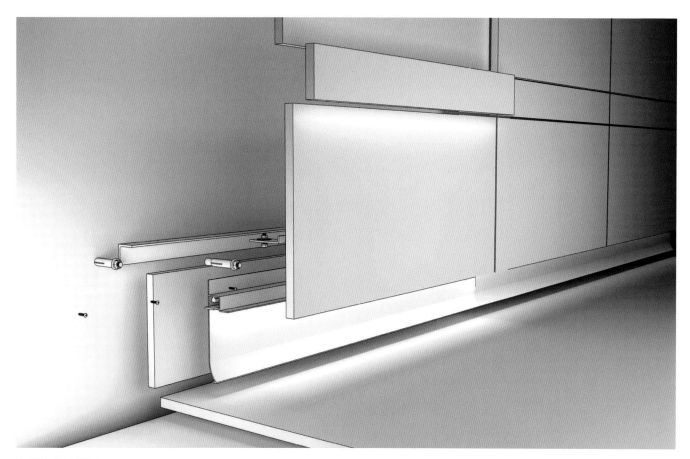

白模结构拆解图

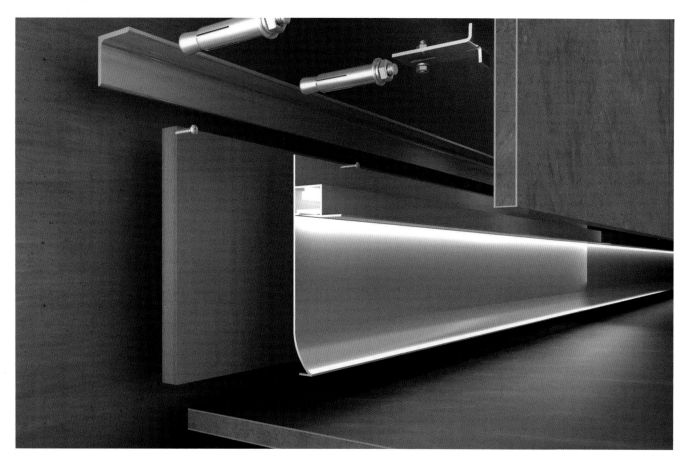

结构拆解图（二）

效果展示图（一）

## ▨ 4.4 直面踢脚线灯光做法（一）

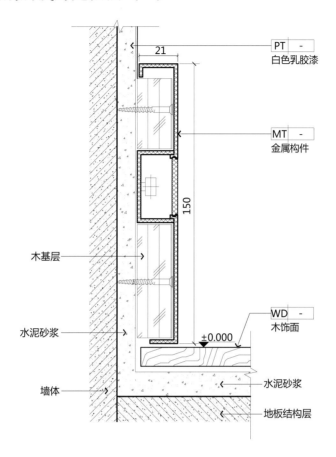

PT  -
白色乳胶漆

MT  -
金属构件

WD  -
木饰面

木基层

水泥砂浆

墙体

±0.000

水泥砂浆

地板结构层

类型 A 直面踢脚线灯光
做法剖面图

1:2

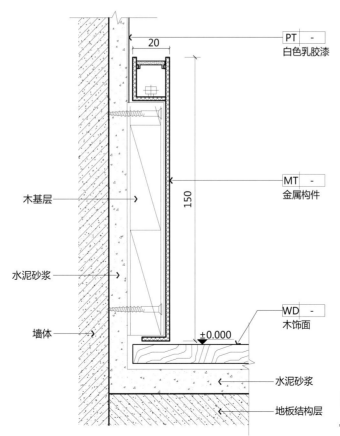

PT  -
白色乳胶漆

木基层

水泥砂浆

墙体

MT  -
金属构件

WD  -
木饰面

±0.000

水泥砂浆

地板结构层

类型 B 直面踢脚线灯光
做法剖面图

1:2

效果展示图（二）

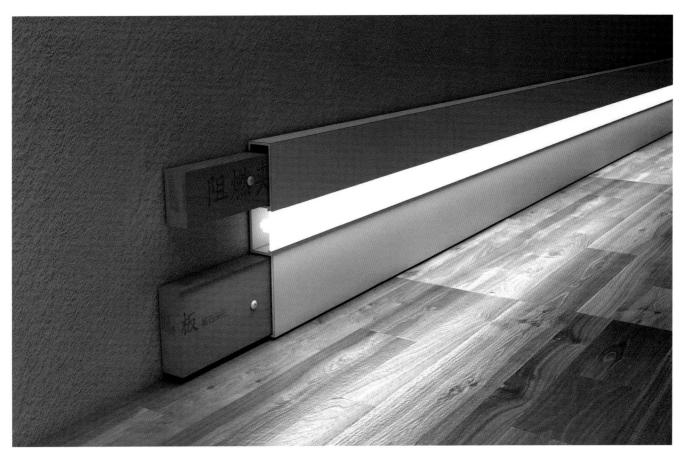

三维剖视图（一）

三维剖视图（二）

效果展示图

## ■4.5 直面踢脚线灯光做法（二）

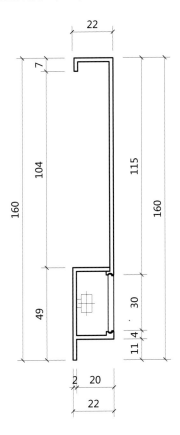

成品金属件大样图
1:2

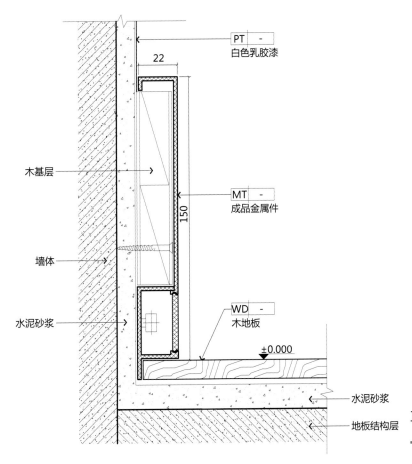

PT — 白色乳胶漆

木基层

MT — 成品金属件

墙体

WD — 木地板

±0.000

水泥砂浆

水泥砂浆

地板结构层

直面踢脚线灯光做法（二）
剖面图
1:2

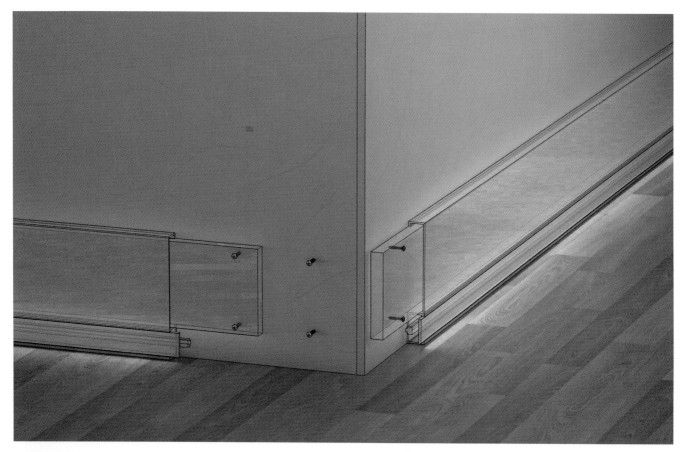

透明剖视图

三维剖视图

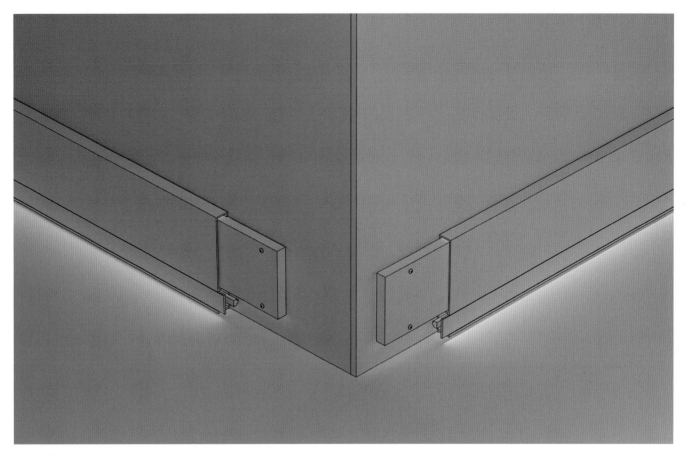

白模剖视图

效果展示图

三维剖视图（一）

## ■ 4.6　地面灯带做法

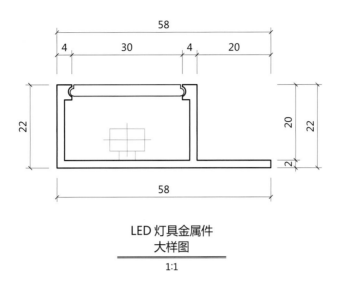

LED 灯具金属件
大样图

1:1

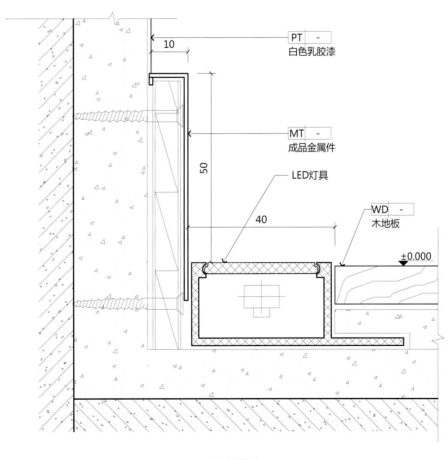

PT - 白色乳胶漆

MT - 成品金属件

LED灯具

WD - 木地板

地面灯带做法
剖面图

1:1

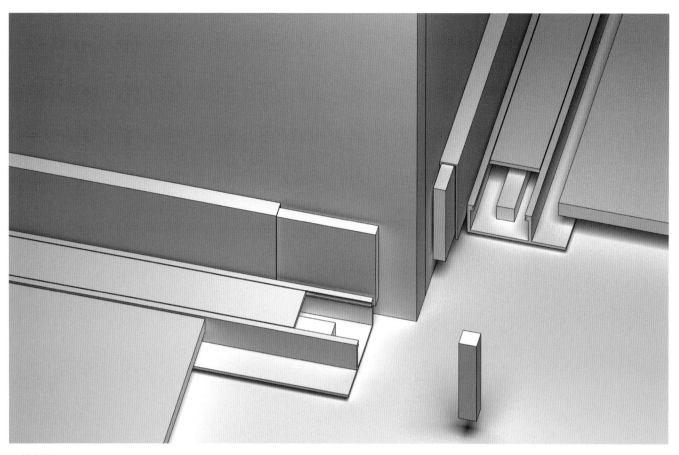

白模剖视图（一）

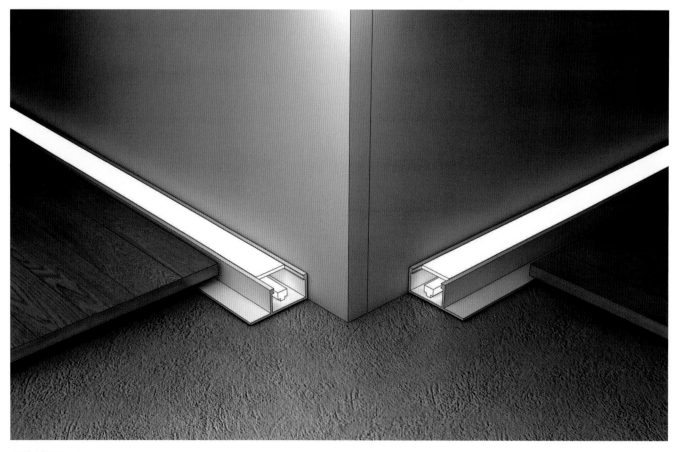

三维剖视图（二）

白模剖视图（二）

三维剖视图（三）

效果展示图

效果展示图

## ▓ 4.7 踏步灯带做法

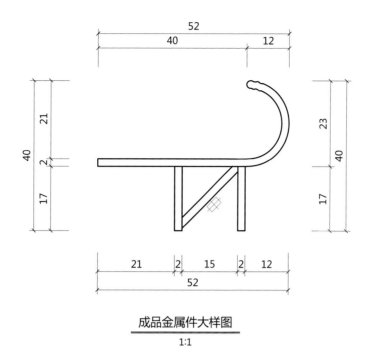

成品金属件大样图
1:1

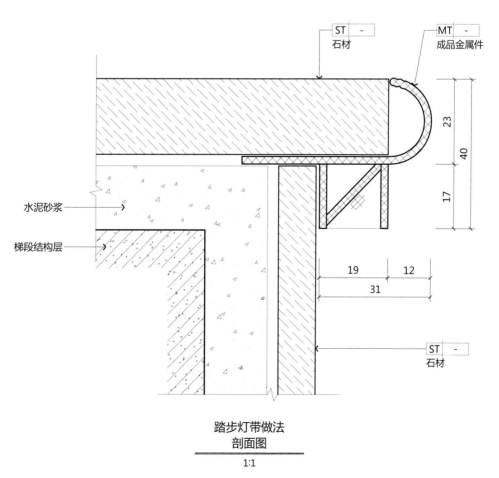

踏步灯带做法
剖面图
1:1

三维剖视图（一）

三维剖视图（二）

白模剖视图

**解析** 传统的踏步灯带做法为内打钢架，做双层石材，然后再安装灯具，施工程序复杂，造价较高。图中案例采用成品金属防滑条并带有 LED 灯带，可降低施工难度，减低项目造价，并且提升视觉效果，一举多得。

效果展示图

## ■ 4.8  墙砖与墙漆收口处灯带做法

成品金属件大样图

1:1

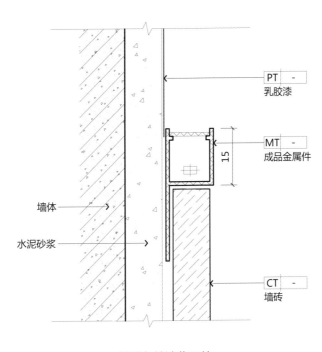

墙砖与墙漆收口处
灯带做法剖面图

1:1

结构拆解图（一）

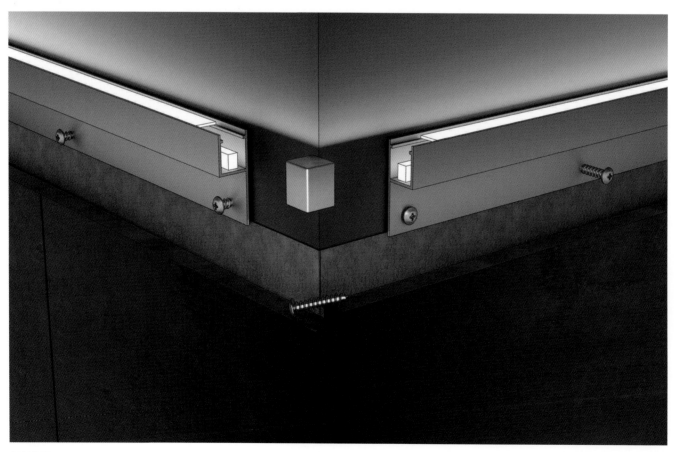

结构拆解图（二）

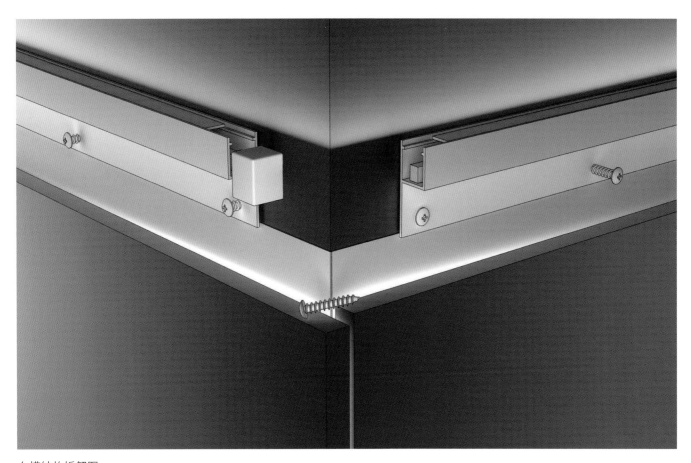

白模结构拆解图

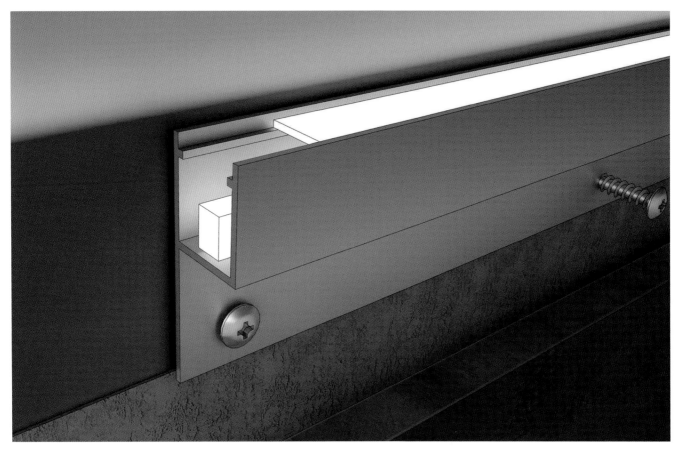

结构拆解图（三）

三维剖视图

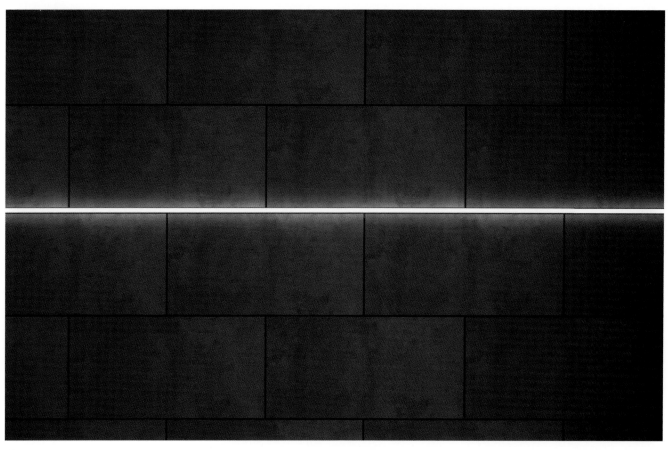

效果展示图

## ▓ 4.9 墙砖平面灯带做法

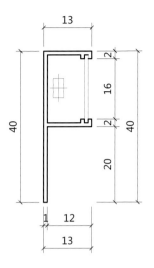

成品金属件大样图
1:1

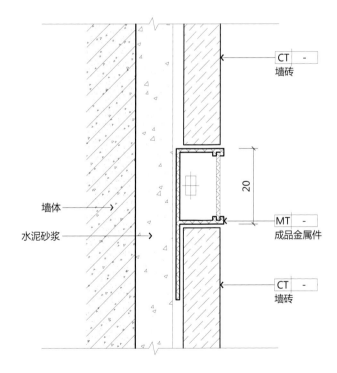

墙体

水泥砂浆

CT -
墙砖

MT -
成品金属件

CT -
墙砖

墙砖平面灯带做法
剖面图
1:1

效果展示图

## ■ 4.10 墙面内凹式灯带做法

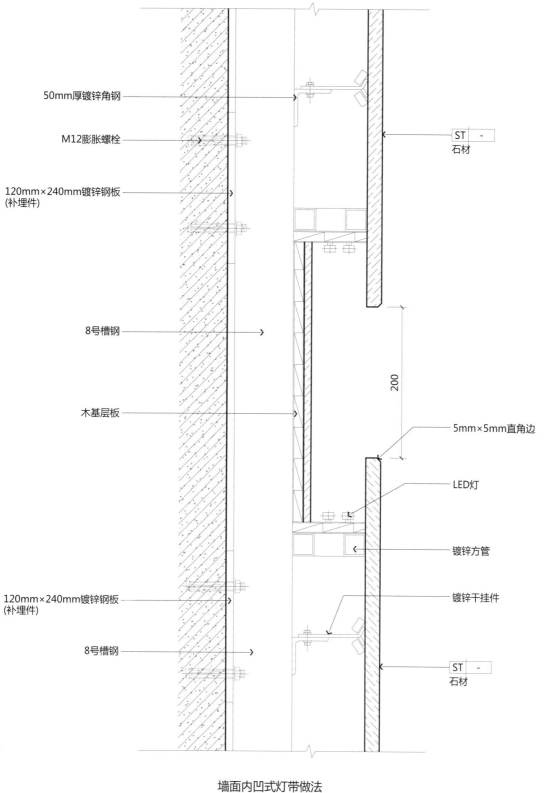

墙面内凹式灯带做法
剖面图

1:5

阻燃类板

三维剖视图（一）

三维剖视图（二）

白模剖视图（一）

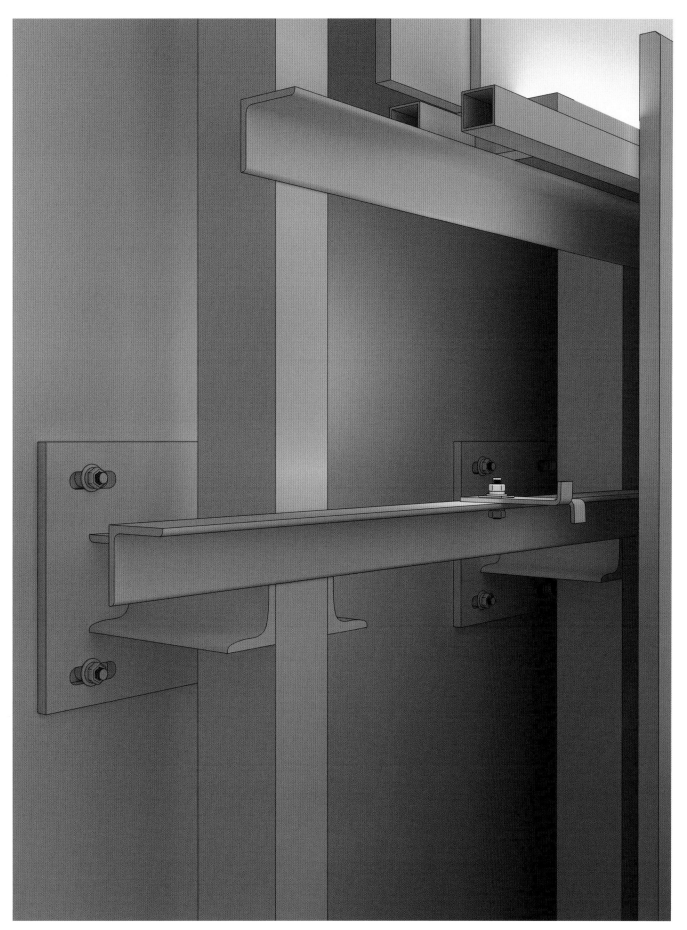

白模剖视图（二）

效果展示图

## ▧ 4.11  墙面金属扶手灯带做法

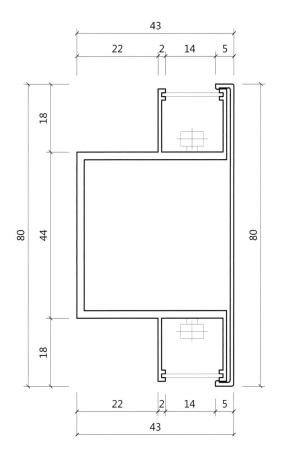

成品金属件大样图

1:1

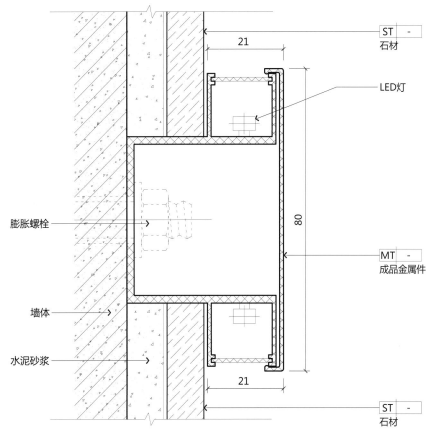

墙面金属扶手灯带
做法剖面图

1:1

三维剖视图（一）

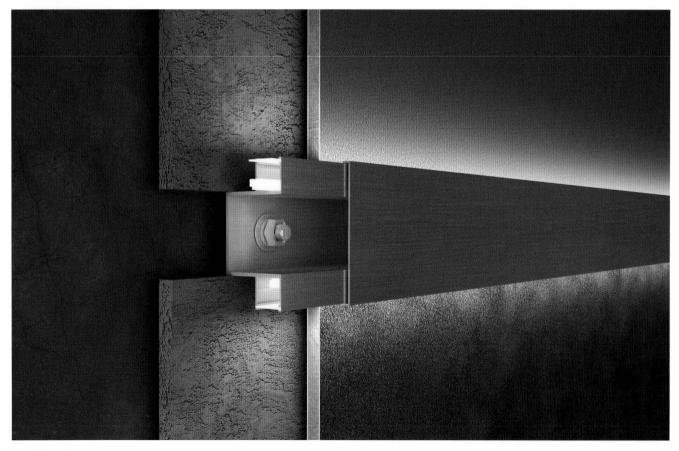

三维剖视图（二）

三维结构拆解图

**解析** 本案例为墙面金属扶手上下镶嵌 LED 灯带，相比传统施工方式，本例整体选用成品型材，一是安装牢固，施工方便；二是可以减少空间尺寸；三是成品效果好；四是后期维修更换方便。不过这种型材目前施工上并不多见，属于新型 LED 材料。

类型 A 效果展示图

## ■ 4.12 木质楼梯扶手灯带做法

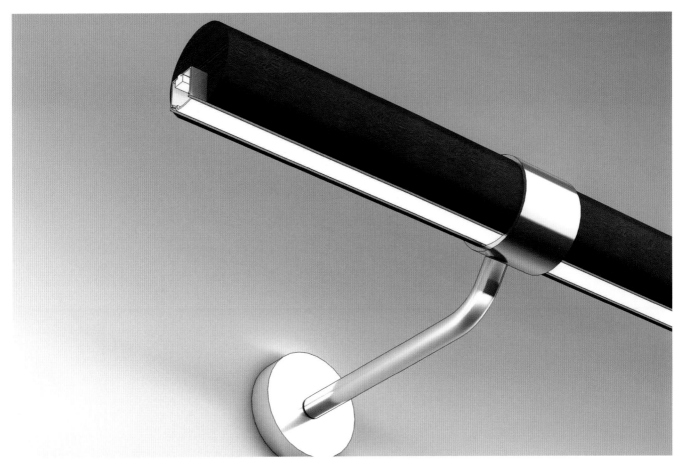

三维剖视图

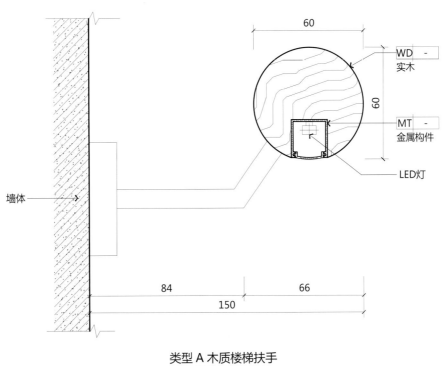

60

WD -
实木

60

MT -
金属构件

LED灯

墙体

84

66

150

**类型 A 木质楼梯扶手
灯带做法剖面图**

1:2

类型 B 效果展示图

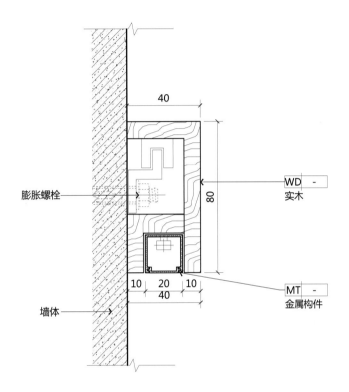

膨胀螺栓

墙体

40

80

10 20 10
40

WD -
实木

MT -
金属构件

类型 B 木质楼梯扶手
灯带做法剖面图

1:2

效果展示图

## ■ 4.13 墙砖阳角灯带做法

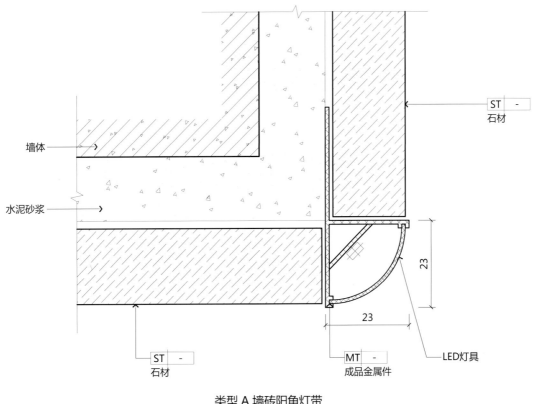

墙体

水泥砂浆

ST -
石材

ST -
石材

MT -
成品金属件

LED灯具

23

23

类型 A 墙砖阳角灯带
做法剖面图

1:1

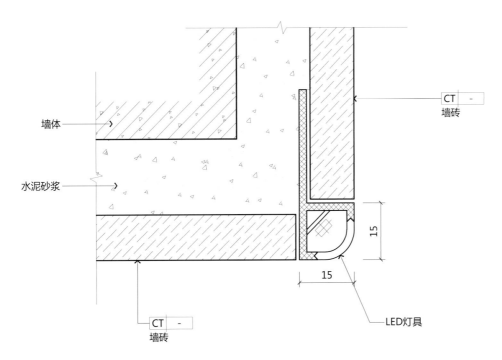

墙体

水泥砂浆

CT -
墙砖

CT -
墙砖

LED灯具

15

15

类型 B 墙砖阳角灯带
做法剖面图

1:1

三维剖视图

**解析**　阳角 LED 灯带设计方式不多见，但非常出效果。之所以设计得不多，是市场上这类型材很难采购到。此收口方式多适合商业空间，除了视觉上美观，还能起到一定的照明作用。由于选用 LED 光源，可以实现 3m 长度的光源不断裂，但是对施工有一定要求，造价较高。

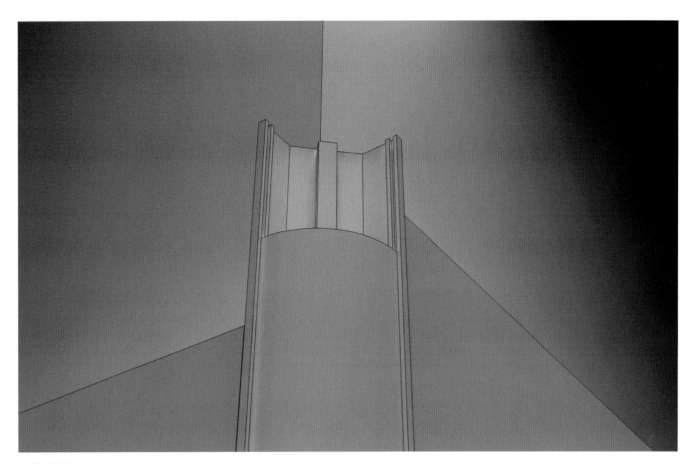

白模剖视图（一）

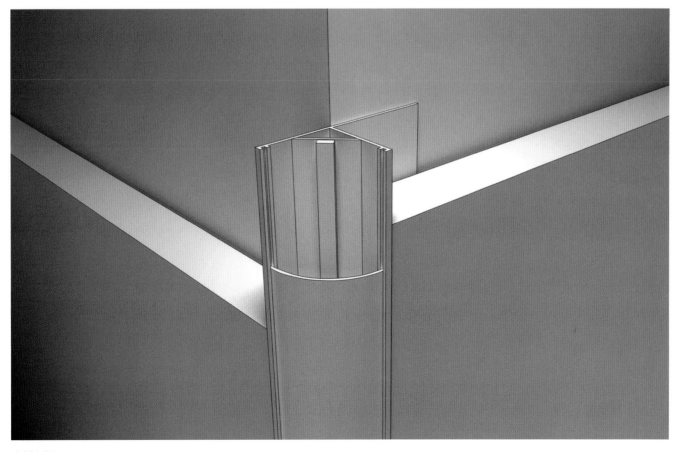

白模剖视图（二）

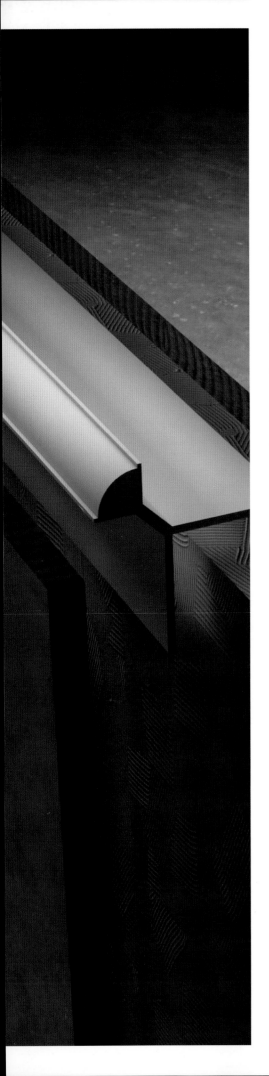

# 后　记

· 笔者为编著本书，在半年多选材的时间里，多次往返于佛山、上海、北京收集资料，经过反复地推敲斟酌，最后定稿的实例为阳角收口 20 个、阴角收口 11 个、平角收口 13 个、灯光 13 个。全书各种做法的效果图绘制了近 400 张，经过多次的讨论和商议，最后确定书籍内容的表达方式，主要以 3D 效果结构拆分的形式，进行知识讲解和剖析，因为分层次的表达形式，更能够交代出各种构件、材料间的结构关系，这是作者再一次的创新和突破。曾经和出版社的编辑沟通时，他们说过，有能力的人很多，但是能把自己的知识以书籍的形式表达出来的很少，当我听到这一观点的时候，没有多大感触，但随着书籍内容的不断丰富，自己头上的白发随之增多，现在深以为然。

· 这次编写的著作中，解析文字并非每个案例都有，只有在我认为有必要时才添加，没有必要的就不再赘述，因为添加诸多文字反而会增加读者的阅读负担，我追求以极简的方式讲解知识点，能用图形表达就不用文字，这也和我个人的性格有关，典型的理工男，话少，又很随性，没有必要的话基本不愿意讲。我认为情怀和成功学不如踏踏实实地学一点技术来得可靠。对于我的传闻，好的坏的，我一概都没有回应过，我认为自己是个合格的、有职业精神的深化设计师，但是离一个合格的团队领导者还有一段距离，还要不断地学习和提高。另外还有与粉丝、读者交流互动方面做得不到位，例如有时粉丝与我沟通时，我恰好有其他事情在做，如在项目现场，在开会，等等，这种情况下没能及时回复，这就给直接面对粉丝的同事无形中增加了很多工作量，在这里我衷心感谢大家的体谅和宽容。

· 我的上一本著作《材料收口》出版后，遇到了盗版问题，当我亲眼看到盗版书籍图片严重失真，CAD 图纸比例错误、比例失调等等问题时，用"痛心疾首"都不足以表达我的心情。因为这本书在编著过程中，每张图片都是我和设计、排版、印刷人员反复地核对样图，最后确定成书的图片大小和分辨率；书中的每幅 CAD 图，也是反复斟酌、调试才最终确定最合适的比例尺，最合适的字体、字号，我认为无论做什么事情只要真心付出和努力，都应该得到尊重，因此我呼吁大家支持正版书籍，尊重作者的劳动成果。

· 最后，再次感谢这几年来一直支持我的粉丝和学生们。

王海青